FAO中文出版计划项目丛书

U0380771

奇妙的世界：土壤生物多样性

——全球十部儿童科普故事汇编

联合国粮食及农业组织　国际土壤科学联合会 编著

徐璐铭　张冕筠　马　赛 译

中国农业出版社
联合国粮食及农业组织
国际土壤科学联合会
2023 · 北京

引用格式要求：

粮农组织和国际土壤科学联合会。2023。《奇妙的世界：土壤生物多样性——全球十部儿童科普故事汇编》。中国北京，中国农业出版社。https://doi.org/10.4060/cb4185zh

本信息产品中使用的名称和介绍的材料，并不意味着联合国粮食及农业组织（粮农组织）或国际土壤科学联合会对任何国家、领地、城市、地区或其当局的法律或发展状况，或对其国界或边界的划分表示任何意见。提及具体的公司或厂商产品，无论是否含有专利，并不意味着这些公司或产品得到粮农组织或国际土壤科学联合会的认可或推荐，优于未提及的其他类似公司或产品。

本信息产品中陈述的观点是作者的观点，不一定反映粮农组织或国际土壤科学联合会的观点或政策。

ISBN 978-92-5-138295-0（粮农组织）
ISBN 978-7-109-31362-0（中国农业出版社）

©粮农组织和国际土壤科学联合会，2021 年（英文版）
©粮农组织，2023 年（中文版）

保留部分权利。本作品根据署名-非商业性使用-相同方式共享3.0政府间组织许可（CC BY-NC-SA 3.0 IGO; https://creativecommons.org/licenses/by-nc-sa/3.0/igo/deed.zh-hans）公开。

根据该许可条款，本作品可被复制、再次传播和改编，以用于非商业目的，但必须恰当引用。使用本作品时不应暗示粮农组织和国际土壤科学联合会认可任何具体的组织、产品或服务。不允许使用粮农组织标识。如对本作品进行改编，则必须获得相同或等效的知识共享许可。如翻译本作品，必须包含所要求的引用和下述免责声明："本译文并非由联合国粮食及农业组织（粮农组织）生成。粮农组织不对本译文的内容或准确性负责。原英文版本应为权威版本。"

除非另有规定，本许可下产生的争议，如无法友好解决，则按本许可第8条之规定，通过调解和仲裁解决。适用的调解规则为世界知识产权组织调解规则（https://www.wipo.int/amc/zh/mediation/rules），任何仲裁将遵循联合国国际贸易法委员会（贸法委）的仲裁规则进行。

第三方材料。欲再利用本作品中属于第三方的材料（如表格、图形或图片）的用户，需自行判断再利用是否需要许可，并自行向版权持有者申请许可。对任何第三方所有的材料侵权而导致的索赔风险完全由用户承担。

销售、版权和许可。粮农组织信息产品可在粮农组织网站（http://www.fao.org/publications/zh）获得，也可通过publications-sales@fao.org购买。商业性使用的申请应递交至www.fao.org/contact-us/licence-request。关于权利和授权的征询应递交至copyright@fao.org。

FAO中文出版计划项目丛书

指 导 委 员 会

主　任　隋鹏飞

副主任　倪洪兴　彭廷军　顾卫兵　童玉娥

　　　　李　波　苑　荣　刘爱芳

委　员　徐　明　王　静　曹海军　董茉莉

　　　　郭　粟　傅永东

FAO中文出版计划项目丛书

译 审 委 员 会

主　任　顾卫兵

副主任　苑　荣　刘爱芳　徐　明　王　静　曹海军

编　委　宋雨星　魏　梁　张夕珺　李巧巧　宋　莉

　　　　闫保荣　刘海涛　赵　文　黄　波　赵　颖

　　　　郑　君　杨晓妍　穆　洁　张　曦　孔双阳

　　　　曾子心　徐璐铭　王宏磊

本书译审名单

翻　译　徐璐铭　张冕筠　马　赛

审　校　宋　莉　徐璐铭　张冕筠　马　赛　沈诗雅

寄语

2020年12月5日是第七个联合国世界土壤日，主题为"保持土壤生命力，保护土壤生物多样性"。庆祝期间，100多个国家协调开展了780项庆祝活动，覆盖全球约8亿人口。自2014年设立以来，这一年度活动成功宣传了健康土壤的重要性，并向数十亿人倡导土壤资源的可持续管理。

土壤中的生物多样性占地球生物多样性总量的25%以上，土壤还承担着几乎所有的生态系统服务功能，使地球上的生命得以存续。土壤值得我们的真诚赞美和悉心呵护。

2020年8月，为庆祝2020年世界土壤日，联合国粮食及农业组织（粮农组织，FAO）、国际土壤科学联合会（IUSS）及全球土壤伙伴关系（GSP）共同发起"土壤生物多样性"儿童读物创作竞赛，为6至11岁儿童创作16页的科普故事，并将竞赛成果汇集成册。

国际土壤科学联合会、粮农组织和全球土壤伙伴关系在此对所有参赛选手的倾情付出和优质作品表示衷心感谢。比赛得到世界各地的土壤科学家、土壤专家、学校师生、设计师、作家和摄影师的积极参与，共收到来自60个国家的80多份参赛作品，实为一项了不起的成就。

本书选取了十篇优秀儿童科普故事汇集成册，以飨读者。这些优秀的作品来自世界各地，具有区域代表性。每则故事都以独特、风趣的方式娓娓道来，帮助儿童了解可爱的土壤生物，探索土壤世界的奥秘。

希望本书能得到大家的喜爱，并自此打造一个有益的开端，让家长、学校和教育工作者与小读者们一起讨论土壤与土壤生物多样性和爱护土壤的重要性。我们可以一起探索土壤奥秘，思考如何应对未来挑战，维持地球的生存与繁荣，同时以可持续方式养育这颗星球，造福子孙后代。

希望孩子们通过阅读受到启发，继续学习这门神奇的学科，今后有机会可进一步研修生物学、土壤科学、自然资源经济学和政策学等。

孩子们，快去发现土壤的魔力，认识那些有趣的小生物吧！是它们维持着土壤的健康和肥力，生命离不开重要的生物地球化学过程，而这些小生物就是其中的关键所在。

诚祝阅读愉快！

罗纳德·瓦尔加斯

粮农组织全球土壤伙伴关系秘书长

劳拉·伯莎·雷耶斯·桑切斯

国际土壤科学联合会主席

致谢

评委会成员

卡里达·卡纳勒，联合国生物多样性公约，加拿大

黛安娜·沃尔，全球土壤生物多样性倡议，美国

马泰奥·萨拉，粮农组织

雷纳·霍恩，植物营养和土壤科学研究所，德国

罗沙·奎瓦斯·科罗纳，粮农组织

罗沙·玛利亚·波奇，莱里达大学，西班牙

万达·费雷拉，粮农组织

设计与出版

马泰奥·萨拉，粮农组织

朱莉娅·穆斯凯斯，粮农组织

伊莎贝尔·韦贝克，粮农组织

朱莉娅·斯坦科，粮农组织

埃伦·德杰内，粮农组织

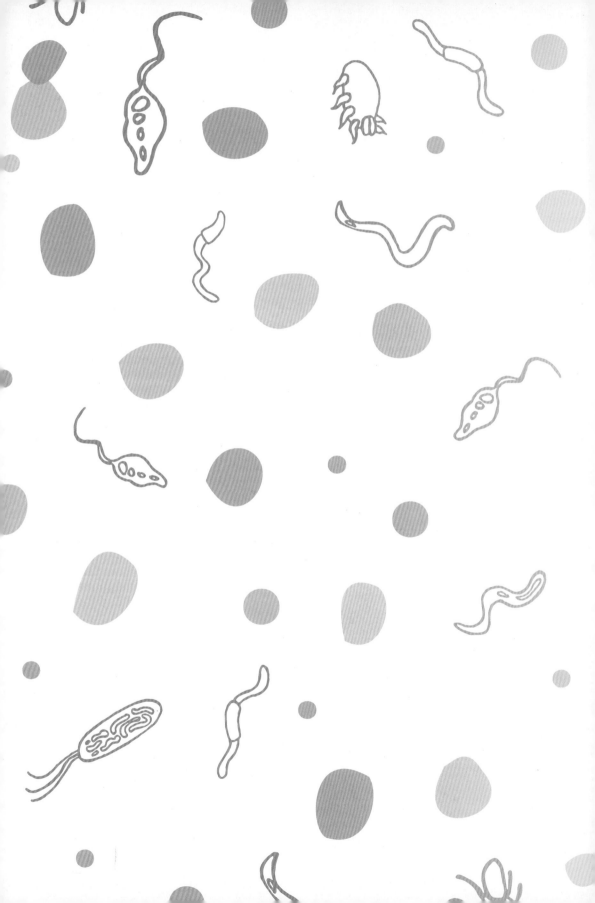

目录

西瓜虫卷卷的
土壤生命探索之旅

作者简介

　　莎拉达·基茨出生于澳大利亚，拥有圭亚那与英国血统。她在澳大利亚和加拿大长大，在加拿大和英国学习农业经济学，随后进入食品和营养部门工作，目前就职于全球营养改善联盟（Global Alliance for Improved Nutrition）。基茨喜欢为青年人编写各类虚构和纪实作品，尤其钟情于故事的主人公——西瓜虫卷卷这样的小虫子！目前，她与伴侣马克、儿子乔纳和小猫莫莉一起定居于英国。

　　佳佳·哈姆纳生于北京，长于加拿大草原，后赴美国学习物理和平面设计。她热爱绘画和森林漫步，也喜欢随时随地观察大自然。她目前是一名自由插画师，与丈夫克里斯和小猫巴特斯一起居住在美国华盛顿州西雅图。

目　录

你好呀！我叫卷卷，是一只西瓜虫，我是来自等足目的小可爱！

脚下的世界

土壤也有生命。众所周知，人类和地球上的其他生物全都依赖土壤生存。

地球上大部分陆地都被土壤覆盖。土壤中含有多种成分，其中包括植物和人类成长必不可少的各类营养物质。土壤中也充满着勃勃生机。目前，所有栖居于土壤的生物中，科学家们只归类了很小一部分。这些生物大多体型微小，因此被称为微生物。

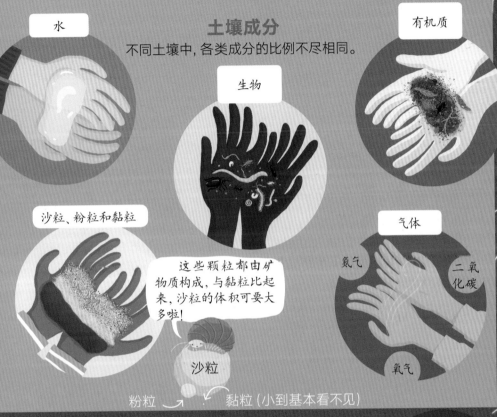

土壤成分
不同土壤中，各类成分的比例不尽相同。

水

有机质

生物

沙粒、粉粒和黏粒

气体

这些颗粒都由矿物质构成，与黏粒比起来，沙粒的体积可要大多啦！

氮气

二氧化碳

氧气

沙粒

粉粒

黏粒（小到基本看不见）

土壤中的勃勃生机

你可能以为，只有像红杉这样的参天大树或蓝鲸这样的庞然大物才配得上"世界最大生物"的称号。但科学家们却指出，地球上最大的生物其实是一株奥氏蜜环菌。这株蜜环菌生长在美国俄勒冈州的一片森林里，它的菌索和菌丝宛如植物根系一般纵横交错，覆盖了将近9平方千米的土地！更神奇的是，这株蜜环菌已有大约两千四百岁了！

与现存最古老的红杉比起来，这株蜜环菌也只能算作一个小宝宝！那棵红杉生长在美国加利福尼亚州的内华达山，已经有三千多岁了！

你知道吗？

餐桌上常见的蘑菇其实也属于真菌，蘑菇庞大的菌体大部分都深埋地下！

生命之网

你看到了什么?

土壤为各种各样的生命体提供了广阔的栖息地。实际上,土壤是世界上生物多样性最丰富的地方!从热带雨林里的参天大树,到干旱沙漠中的仙人掌,成千上万种植物扎根于土壤之中或者土壤周围,在各种气候条件下顽强生长。

在地面之下,既有细菌、原生生物、线虫和缓步动物这样用肉眼难以看到的微小生物,也有螨虫和跳虫这样体型稍大的动物,再大一些的动物则包括蚯蚓、蚂蚁和白蚁等。像哺乳动物、爬行动物和鸟类这样的"大家伙",同样也是逐土而居。

线虫

缓步动物

细菌

跳虫

小型穴居动物

蟋蟀

活盖蜘蛛

蚯蚓

蚂蚁

蜈蚣

蝎子

甲虫

蟋蟀如何挖掘洞穴?

一些蟋蟀会在土里挖洞供自己藏身或产卵用。它们会用头部和上颚(也就是面部前端坚硬的钳)掘松土壤,再用足肢把土块搬走或拨开。

海鹦

大型穴居动物

陆龟

乌龟为什么挖洞?

乌龟挖掘洞穴是为了给自己建造住所,在里面冬眠和筑巢。

兔子

獾 (huān)

蜥蜴

你知道吗?

黄斑巨蜥是目前已知唯一会挖掘螺旋形洞穴的爬行动物!它们挖的洞穴足足有3米深,这可是脊椎动物挖掘洞穴的最深纪录!

你知道还有哪些动物会在土壤中挖洞吗?大型动物、小动物都可以!

狐狸

田鼠

犁足蛙

躲避干旱的小能手!

气候干旱时,一些青蛙会躲到地下"休眠",借此等待雨水的到来,有些甚至可以睡上好几年!

鸭嘴兽

穴鸮 (xiāo)

地下国度

土壤孕育生命，也接纳死亡和枯朽。对于土壤中以有机质为生的小生命来说，动植物伙伴们的遗体也是一笔珍贵的财富。

土壤中分解程度最低的被称为粗有机质，比如死亡不久的动植物遗体。

开动啦！

对我们细菌和真菌来说，这可真是丰盛的佳肴啊！

粗有机质是细菌和真菌眼中的美餐。

蠕虫和昆虫也以粗有机质和部分分解的有机质为食。

加我一个！

真香！

部分分解的有机质叫做"堆肥"，其中含有。

动植物尸体中的营养物质回归土壤后，会重新被植物吸收，再次进入生命循环。

吃完啦！

再去找其他好吃的吧！

腐殖质是分解程度最高的一种有机质。腐殖质可能会在数年内渐渐腐败，也可能维持数千年不腐！腐殖质有助于保持土壤水分，增强土壤抗旱能力。

生既为死，死亦为生；死生相依，自然之道。

土壤中，死亡枯朽的物质随处可见。土壤中的大部分生物，如植物、动物、真菌和细菌等，都以有机质为营养和能量来源。有机质还能使土壤保持疏松，为空气和水释放空间。一般而言，深色土壤的有机质含量高于浅色土壤。

对人类来说，土壤或许算不上美味。不过，人体内和体表的构成了庞大的微生物组，对于它们来说，土壤的好处可多啦！

人类爱吃三明治，我最喜欢腐殖质！

植物的根可是难得的美味！你说呢？

卷卷说得没错！植物的根可以为土壤中的小生命们提供所需的营养。对细菌和真菌这样的微生物而言，植物根系不仅是它们栖息的家园，更充盈着富含酸类、糖类和其他美味物质的营养液！

像卷卷这样的小动物可以回收营养物质，使其重新回到食物链中。

动物可是回收专家！

土壤的搬运工和稳定器

蚯蚓宝宝可以给土壤充气，帮助营养物质进入土壤，植物根系则可以固定土壤，防止沙土和其中的营养物质被雨水冲走。

据记载，世界上最长的蚯蚓是1967年在南非发现的，足足有6.7米长，

相当于把27根没有煮过的意大利面连在一起！

根系的独特环境

植物根系周围的区域叫"根际"。土壤的化学和物理特性会受到植物根系及周围生物的影响。

世界上最大的蚯蚓品种叫做"吉普斯兰大蚯蚓"，生活在澳大利亚，直径约为2厘米，体长可达到3米！

刨"根"问底

在非洲南部一个叫做"博茨瓦纳"的国家，有一望无际的卡拉哈里沙漠，沙漠中的一棵羊倌树拥有世界上最深的根系之一。1974年，人们在钻井取水时发现这棵树的根系足足有68米深，太不可思议了！

你知道68米有多高吗？相当于把12只长颈鹿摞在一起！

了不起的小蚂蚁

除了南极洲和一些偏远的海岛，世界上每个角落都有小蚂蚁的身影。

土壤要保持健康肥沃，除了蚯蚓功不可没，小蚂蚁的作用也不可或缺。它们在土壤中挖掘通道、翻动土壤，水和氧气才能触达植物根际。正因为如此，在一些干旱地区，土壤中没有那么多蚯蚓，小蚂蚁的作用就更加重要。此外，小蚂蚁还能帮助植物散播种子，加快有机质分解，并保护作物和花园免受害虫的侵扰。

据估计，世界上共有约2.2万种蚂蚁，其中约1.2万种科学家们已完成辨识和分类。这些蚂蚁体型大小不一，最小的只有2毫米长，最长的却能达到4厘米！

土壤有什么作用?

土壤都为我们做了什么呢?

土壤为我们提供食物。我们的一日三餐中有95%来自土壤:有的食物直接长在土壤中,有的以长在土壤中的植物为食。农场、花园、果园和牧场都依赖于土壤,土壤中的生物多样性对土壤自身和我们人类都至关重要!

土壤能为我们提供纤维和燃料。比如,我们的棉衣由棉花制成,而棉花就是长在土里的一种作物。

土壤可以净化水源,减少污染。在水渗入土壤的过程中,土壤可以通过物理、化学和生物过程净化水源。

土壤还能调节气候。我们的地球正在逐渐变暖,但如果管理得当,土壤就能捕捉到更多的碳,减少温室气体排放,从而减缓全球变暖。

OC 有机碳

无机碳

IOC

CO_2 二氧化碳

土壤是我们的家园。据科学家估算,世界上超过四分之一的物种都会在土壤中度过一段时光。

你知道吗?

适量的食虫动物能够提升土壤捕捉碳的能力。例如,甲虫、苍蝇和蚂蚁等昆虫以树叶为食,向大气中释放二氧化碳。如果有蝾螈这样的小动物把这些昆虫吃掉,就能有更多树叶保留下来并转化为腐殖质。这意味着土壤能够储存更多的碳,这对地球来说可是一件大好事。

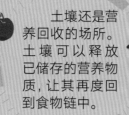

土壤还是营养回收的场所。土壤可以释放已储存的营养物质，让其再度回到食物链中。

你知道吗？

一些动物的粪便能为土壤增添大量有机质和营养物质！另外，动物粪便还能引来昆虫和捕食昆虫的其他动物。比如，一些地区的农民世代将大象粪便用作肥料，施肥效果特别棒！

土壤可以吸收雨水，防范洪灾。

筑舍修路打地基，要靠土壤作根基，高楼铁路平地起，土壤功能了不起！看来，把土壤当做建筑材料的可不只白蚁，还有我们人类！

土壤中还含有大量细菌，这对科学家们来说可是一笔宝藏！比如，把这些细菌用于药物研发和其他一些实验，推动科学进步！

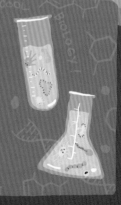

土壤还能像时光胶囊一样，帮助人类封存珍贵的历史文物。这些湮没在历史尘埃中的文物，记录着远古时期人们的生活。

土壤中的生物种类越多，田野和农场的土地就越肥沃，人们的食物供应也就越有保障！

但土壤，以及仰赖土壤生存的生灵们，却正面临着威胁……

我们能为土壤做些什么？

不少人类活动，如开垦耕种、施工建设、砍伐森林和污染物排放等，都会威胁土壤健康。

不！！！

历经数百年形成的土壤，在短短几年之内就可能被破坏殆尽。

不过，只要付出足够的时间和努力，退化、流失或被污染的土壤是可以再生和复原的。如果我们努力解决土壤流失、侵蚀、盐碱化和沙漠化问题，并为土壤补充营养物质，就能有效改善土壤健康！

一开始就对土壤精心养护可比修复退化土壤要容易得多！

长在土里的作物会从土壤中吸收营养，因此，土壤的品质决定了粮食产量和营养含量。为了保证粮食体系的可持续发展，我们必须悉心养护宝贵的土壤。大家在世界各地见到的梯田是有益于土壤的农业典范，但通过砍伐森林来开垦梯田的行为同样会对当地环境造成极大破坏。

宝贵的土壤

土壤不仅养育人类，也滋养着世间万物。它值得我们的尊重和保护，不应被忽视、滥用或破坏。

不可或缺的脊椎动物

刺猬、鼹鼠、蜥蜴和青蛙都属于脊椎动物，它们使我们的环境更加丰富多样、生活更加多姿多彩。它们以土壤中的蠕虫和昆虫为食，这些小虫子又只生活在健康的土壤中，所以这类脊椎动物的存在也是衡量土壤健康的重要指标。在非洲、亚洲、欧洲和中东地区都能找到小刺猬的身影，但在一些地区，人类活动导致了刺猬数量减少。为了保护小刺猬，以及其他不可或缺的脊椎动物，我们需要为其提供庇护场所，划定无杀虫剂污染的野生栖息地，并为它们保留野生动物专门通道。

你家附近或学校里有小花圃吗？
或许你可以在那里试着亲手栽种瓜果！

尽量以**有机肥**、**堆肥和绿肥**代替化肥。这样做不仅有利于维护土壤健康，还可以减轻土壤对化肥的依赖，对土壤中的小生物们可是好处多多！

我有一些小建议！

采用轮作！不要连续在同一片土壤中种植同一种作物，因为不同作物需要的营养物质有差异。而一些特定品种的作物，比如豌豆、豆角等**豆科植物**，甚至还能为土壤重新补充营养。

别浇太多水！如果土壤过于湿润，植物根系和根际环境中的生物就无法得到所需的氧气。

播种后，**不要经常翻动土壤**，以免伤害土壤中的真菌和蚯蚓。施肥时，与其将肥料埋进土里，不妨直接将其铺洒在土壤表面。

在土壤表面铺设一层护根覆盖物，不仅能抑制杂草生长，还有助于维持土壤水分，防止植物枯萎。另外，有些覆盖物本身也可作为土壤生物的栖息地。

避免踩踏或挤压土壤。如果土质过于紧密，不仅会限制昆虫、真菌和植物根系活动，还会阻碍氧气和水的运输。

科技造福未来

　　科学家们正在努力研究改善土壤、造福地球和人类的方法，并且已经取得了令人振奋的重大突破，以下就是三个典型范例，一起来看看吧！

向"塑料大军"宣战

　　正常条件下，像PET这样的塑料需要数百年时间才能降解。但2016年，科学家们在一家塑料瓶回收厂附近的土壤中发现了一种以PET塑料为食的细菌。在此之前，已知能够降解PET塑料的生物寥寥无几。而如今，科学家们已经能够利用这种神奇的细菌生产专门降解塑料垃圾的"强力酶"。

PET塑料，又叫做"涤纶树脂"，是大多数软饮和矿泉水塑料瓶的生产原料。

离开土壤也能种菜？

　　水培是指将植物种在营养液而非土壤中，以此减少土壤和水源压力。用这种方法，宇航员甚至可以在太空中种植生菜！在地球上，人们还可以利用太阳能来水培植物。随着太阳能成本不断下降，说不定你家附近就会有水培厂建起来呢！

拯救被原油污染的土壤！

　　受到严重污染的土壤，比如被原油污染的大片土地，可以通过土壤生物得到拯救！生物修复就是利用以原油为食的细菌以及其他微生物来分解土壤中的污染物，清理污染地区。

　　如果土壤受到威胁，我们的生态环境、粮食供给和身体健康都会面临危险。只要你关爱身边的土壤，积极向身边的人科普土壤的重要性，同时悉心保护土壤中和土壤周边的小生物，你也可以为土壤保护出一份力！

和小蚯蚓一起制作堆肥

担心有朝一日被围困在垃圾山中？别怕，我们的好朋友小蚯蚓会将这些垃圾一扫而空！

建一座"蚯蚓降解工厂"，不仅可以用最天然的方法处理和回收垃圾，还能制造出堆肥。叫上你的亲朋好友，一起来试试吧！

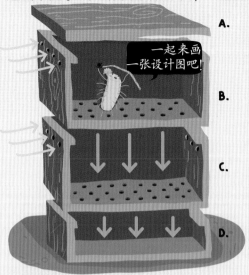

A.

一起来画一张设计图吧！

B.

C.

D.

虎蚯蚓、赤子爱胜蚓，以及它们的近亲安德爱胜蚓都是降解厂中勤劳敬业的优秀员工。在自然环境中，它们只居住在土壤表面，并不会像其他蚯蚓那样钻到土壤深处生活。

我们可以请小蚯蚓帮助我们降解有机废物，制造蚯蚓粪肥！

3 →
2 →
1 →

4 →

5

搭建你的"蚯蚓降解厂"

A.最上层的盖子可以让工厂内部保持暗湿，还能防止小蚯蚓逃跑！

B.在这一层，你可以放入小块的厨余垃圾，侧面的小孔可以帮助保持空气流通。

C.上层的小蚯蚓会把垃圾吃掉，产生的排泄物会通过底部的小孔掉入中间这一层。

D.汇聚在最底层的就是富含营养物质的液肥"虫茶"。

如果建造一座木质降解厂难度太大，也可以用带盖子的旧塑料箱。请大人帮忙在盖子上面钻几个洞，再把塑料箱叠起来就大功告成啦！

如果你不想用塑料箱，还可以去二手商店买一个三层蒸锅，用它来搭建你的降解厂。

组装你的"蚯蚓降解厂"

1 → 先在最上面的盒子底部铺上一层打湿的碎报纸。

2 → 加入堆肥、湿润的土壤和切碎的厨余垃圾。

3 → 放入各种蚯蚓，并在上面铺上更多湿润的碎报纸。

4 → 蚯蚓粪肥本身并没有臭味，如果出现了奇怪的气味，那一定是出问题了！

5 → 在最底层摆一个烤盘，接住流下来的液肥，然后就可以用它去浇花啦！

安德爱胜蚓

赤子爱胜蚓

有很多很棒的材料都能为我们所用，试试通过巧思妙想，设计出各式各样的"蚯蚓降解厂"吧！去网上搜索更多关于蚯蚓粪肥的信息吧！

术语表

细菌: 是一种肉眼看不见的单细胞生物。细菌有时也被称作"病菌",但并不是所有细菌都会导致疾病。

生物多样性: 是指在特定区域内,不同种类生物的总和。

生物修复: 是指利用微生物来清理受污染地区的污染物。

排泄物: 虫类排泄物,特别是虫类粪便,是非常理想的有机肥料。

土壤退化: 是指人们在从事农业、工业和其他活动时,因未能对土壤进行合理使用和妥善管理,导致土质下降。

沙漠化: 是土壤由肥沃变得贫瘠的过程。沙漠化通常因气候干旱、砍伐森林或不恰当的农业活动所导致。

酶: 是生物体内生成的一种物质,具有加快生物化学反应的作用。

侵蚀: 土壤侵蚀是土壤退化的一种形式,指土壤上层的土质流失。

地下水: 也就是地表之下的水。

冬眠: 是指动物在很长一段时间里进行休眠,尽量减少活动,一些动物的冬眠甚至贯穿整个冬天。

水培: 是指不用土壤,只用营养液来种植植物。

无脊椎动物: 即没有脊椎的动物,包括昆虫、蜘蛛和甲壳纲动物等。无脊椎动物约占动物物种总数的95%。

豆科植物: 属于双子叶植物纲、蔷薇目,包括豆角、豌豆、扁豆和花生等。

微生物: 是体型极其微小、肉眼看不见的生物,包括细菌、病毒、真菌和原生生物。

微生物组: 人类微生物组是指人体体表和体内所有微生物的总和,包括体表细菌和肠道菌群等。

护根覆盖物: 通常指覆盖在土壤表面的一层有机材料,具有帮助土壤保持水分、提升肥力、减少杂草等功能。制作护根覆盖物的材料通常包括枯朽的枝叶、脱落的树皮、堆肥、木屑、经过分解处理的粪便、麦秸和海草等。

菌丝: 菌丝是真菌的组成部分,是拥有无数细小分支的管状细丝。

线虫: 常见的线虫包括蛔虫、钩虫、蛲虫、旋毛虫和鞭虫等,是体型十分微小的圆柱形生物体。线虫体表光滑且不分节。世界上现存的线虫多达上千种,直径一般在5~100微米,长度从0.1~2.5毫米不等。其中,最小的线虫只有用显微镜才能看见。一些独立生存的线虫长度为5厘米,寄生线虫的长度则能达到1米。

有机质: 土壤有机质指的是土壤中的碳基化合物,一般由动植物的残体,以及它们的各种排泄物转化而成。

原生生物: 包括原生动物、单细胞藻类和黏菌。原生生物为单细胞生物,既不属于动植物,也不属于真菌。

原生动物: 是原生生物的一种,变形虫就是典型的原生动物。

菌索: 是指真菌像植物根系一样的结构,有助于真菌的散播和生长。

根际: 是指靠近植物根系的土壤区域,植物根系的生长、呼吸和营养交换都会对根际环境造成影响。

盐碱化: 指可溶于水的盐分在土壤中逐渐积聚的过程。盐碱化可能是自然发生,也可能是因为管理不当导致。土壤中盐分过高不利于作物和其他生物生长。

腐生生物: 指从腐烂生物体的有机质中获取营养物质的生物。

缓步动物: 水熊虫就是一种缓步动物,它们又被称作"苔藓小猪",体型微小,身体分节,拥有8条腿。

脊椎动物: 指拥有脊椎或脊柱的动物,主要包括哺乳动物、鸟类、爬行动物、两栖动物和鱼类。

保持土壤生命力
保护土壤生物多样性

**富有生物多样性的土壤发挥着十分重要的作用，
是种类繁多的植物和其他生命体的家园**

"我相信土壤也有生命。土壤健康的真谛
就是：土壤即生命。一切生命都有自己的权利，
土壤也不例外。"

——拉坦·拉尔
土壤科学家、2020年世界粮食奖得主

谨以这则小故事庆祝2020年世界土壤日，并向联合国粮农组织、国际土壤科学联合会和全球土壤伙伴关系致意。

世界土壤日始于2014年，2020年12月5日是第七个世界土壤日。

在土壤生物多样性中，什么最重要？

作者简介

　　凯特琳·卢茨是一名土壤研究员，她在加拿大农业及农业食品部研究发展中心的生物地球化学实验室（Agriculture & Agri-Food Canada Research & Development　Centre）工作，这个实验室位于加拿大莱斯布里奇市。凯特琳拥有土壤科学理学硕士学位，在田野、温室和实验室土壤研究方面经验丰富。她运用分析化学领域的专业知识研究土壤、植物组织、环境气体和水样。在业余时间，她喜欢绘画，或者和自己的小狗芽芽一起在山中徒步。

　　本杰明·埃勒特是土壤科学博士，在加拿大农业及农业食品部研究发展中心的生物地球化学实验室工作。本杰明的童年在加拿大艾伯塔省南部米尔克河畔的一个小型混合农场里度过，他从幼时起就对农业萌生了浓厚的兴趣。本杰明利用同位素技术追踪各种元素，研究其在环境中的流动方式，在农业生态系统生化循环和温室气体陆气交换研究领域也拥有丰富的经验。

土壤生物多样性

究竟，什么样隐藏
在土壤生物多样性中？

作者：凯特琳·卢茨、本杰明·埃勒特
插图：凯特琳·卢茨

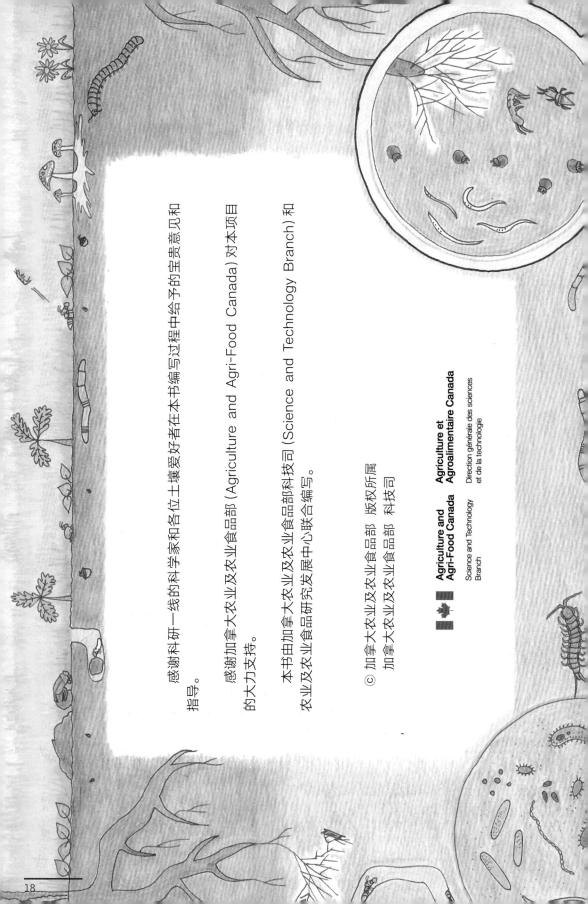

感谢科研一线的科学家和各位土壤爱好者在本书编写过程中给予的宝贵意见和指导。

感谢加拿大农业及农业食品部 (Agriculture and Agri-Food Canada) 对本项目的大力支持。

本书由加拿大农业及农业食品部科技司 (Science and Technology Branch) 和农业及农业食品研究发展中心联合编写。

ⓒ 加拿大农业及农业食品部 版权所属
加拿大农业及农业食品部 科技司

**Agriculture and
Agri-Food Canada**

Science and Technology
Branch

**Agriculture et
Agroalimentaire Canada**

Direction générale des sciences
et de la technologie

欢迎来到土壤爱好者俱乐部！在这里，来自不同实验室的科学家们齐聚一堂，一起讨论土壤科学研究的进展。今年俱乐部活动的主题是：

土壤生物多样性

土壤是一个生态系统，其中既有生物，也有非生物。俱乐部里的科学家们可以帮助我们了解土壤生物多样性，找出哪些生物对土壤生物多样性最为重要。快来认识一下他们吧！

昆虫学家爱德华，研究土壤昆虫

微生物学家茉茉，研究土壤里的微生物

生态学家埃米莉，研究土壤生物与周围环境的相互作用

植物学家比利，研究植物生命历程

土壤动物学家佐伊，研究土壤动物

真菌学家梅洛迪，研究真菌

什么是土壤生物多样性？

"生物多样性是地球上所有生命种类的总和，"生态学家埃米莉说道，"它包含植物、动物和微生物。所以，土壤生物多样性就是土壤中所有生物种类的总和。"听到这里，其他科学家纷纷点头表示赞同。

"生物多样性非常重要。生物种类越多，整个生态系统能获得的益处也就越大。"埃米莉继续说道，"其中，人类能够直接得到的益处叫做'生态系统服务'，例如：

为野生动物和人类提供栖息地

在土壤中循环和储存营养物质

生产人类衣食住行所需的原料

"其实，土壤也是一种生态系统服务。人类需要土壤来种植粮食和瓜果蔬菜，有了土壤人类才能繁衍生息。"

其他科学家纷纷对埃米莉的话表示赞同："我们都在研究土壤生物多样性！我们一致认为，有一样东西在土壤生物多样性中最为重要，那就是……"

微生物！

生物与环境的相互作用！

植物！

真菌！

昆虫！

动物！

科学家们面面相觑。每个人的答案都不一样！看来，情况并不像他们预想的那么简单。

"我是一名植物学家，每天和各种植物打交道。我研究的植物生存和生长离不开土壤就无法生存，而维持植物生存和生长是土壤最重要的作用之一。很长时间以来，农民们以播撒种子，收获食物为生。在古代，只有土壤和土壤生物多样性得到良好保护的条件下，粮食瓜果才能丰收，文明才能繁荣兴旺。除了海产品以外，人类的大部分食物实际上都来自土壤。

"想想你早餐吃的麦片粥，粥里的小麦、燕麦都是庄稼的果实，庄稼离不开土壤。

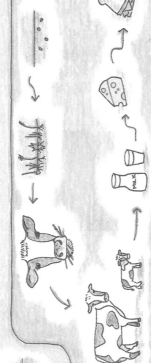

"还有三明治里的奶酪。奶酪由牛奶制成，奶牛吃草才能长大并生育小牛，青草同样离不开土壤。

"再想想蜂蜜。蜂蜜是蜂农从蜂巢里采集的，蜜蜂采花酿蜜离不开花朵，花朵也离不开土壤。

"放眼望去，我们会发现生态系统里的植物种类多不胜数！在我们不易察觉的地方，植物还为土壤里的更多动物和微生物提供食物，从而进一步提升生物多样性。如果我们只在农田里种植单一作物，或者为获取木材而砍伐森林，我们将目睹生物多样性的翻天覆地的变化。但在我们人类看不到的地方，土壤中的生物多样性同样会遭受破坏。对我们人类而言，合理利用土壤和保护土壤生物多样性是每个人义不容辞的责任。"

21

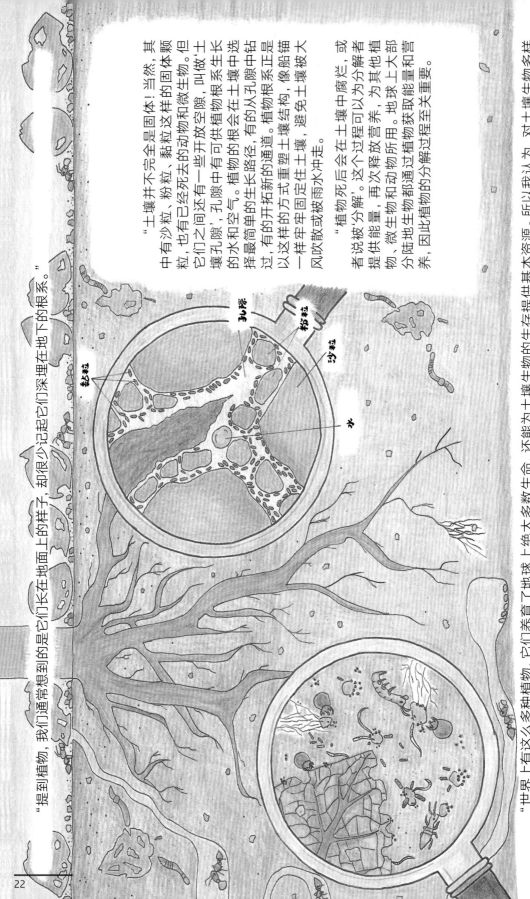

"提到植物，我们通常想到的是它们长在地面上的样子，却很少记起它们深埋在地下的根系。"

"土壤并不完全是固体！当然，其中有沙粒、粉粒、黏粒这样的固体颗粒，也有已经死去的动物和微生物，叫做土壤中的微生物。但它们之间还有一些开放空隙，叫做'土壤孔隙'，孔隙中有可供植物根系生长的水和空气。植物的根会在土壤中选择最简单的生长路径，有的从孔隙中钻过，有的开拓新的通道，植物根系正是以这样的方式重塑土壤，结构，像船锚一样牢牢固定住土壤，避免土壤被大风吹散或被雨水冲走。

"植物死后会在土壤中腐烂，或者说被'分解'。这个过程可以为分解者提供能量，再次释放营养，为其他植物、微生物和动物所用。地球上大部分陆地生物都通过植物获取能量和营养，因此植物的分解过程至关重要。"

黏粒　孔隙　粉粒　沙粒　水

"世界上有这么多种植物，它们养育了地球上绝大多数生命，还能为土壤生物的生存提供基本资源。所以我认为，对土壤生物多样性来说，植物最重要！"

昆虫学家爱德华

"我是一名专门研究昆虫的土壤昆虫学家。我认为对土壤生物多样性来说，最重要的是各种各样的昆虫！土壤是许多昆虫的家园，在这里我主要介绍我最喜欢的两种：蚂蚁和蟋蟀。

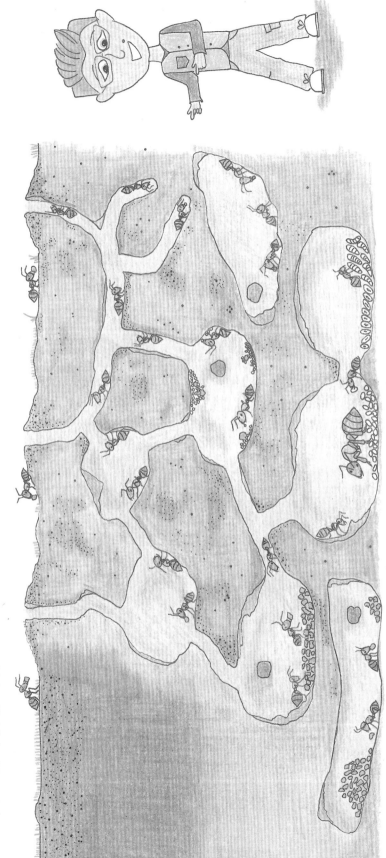

"蚂蚁是生态系统的工程师。它们构筑蚁巢和洞穴，对土壤产生巨大的影响。蚁群齐心协力，能令整个土壤生态系统焕然一新。它们会融合或增加土壤中的孔隙，移动土壤中植物的位置。有些蚂蚁品种甚至会自己培养真菌来获取能量和营养。当小小的蚂蚁作为蚁群活动时，它们对土壤造成的影响在速度和程度上远远超乎我们的想象。尽管蚂蚁体型微小，但数量却很庞大。世界上蚂蚁的总生物量，或者说总重量，甚至比地球上所有两栖动物、爬行动物和野生哺乳动物的重量之和还要大！"

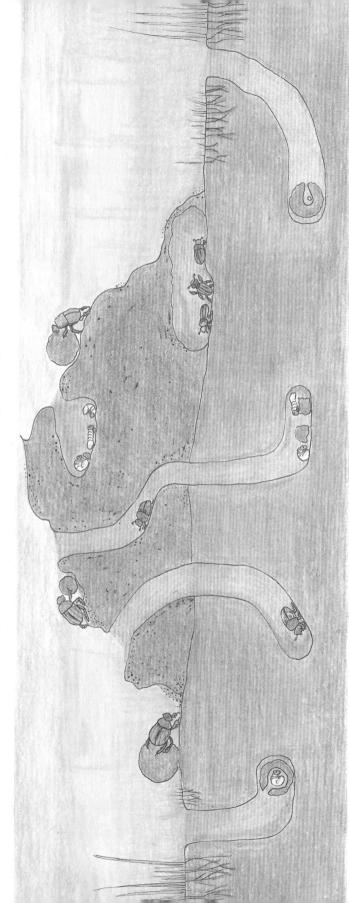

"蜣螂俗称'屎壳郎'，它们对奶牛等大型食草动物的粪便回收至关重要。对蜣螂来说，新鲜的粪便是宝贵的食物来源和建筑材料。有些蜣螂品种直接生活在粪便里，也有一些会先将粪便滚成圆球，再把粪球推回洞穴中。蜣螂以粪便为食，也在其中居住和繁殖。为了幼虫能有充足的食物，一些蜣螂甚至直接在粪便中产卵。

"想象一下：如果动物的粪便无法降解，世界会是什么样子？粪便迅速堆积成山，下面的小草还是草食动物都无法生存。蜣螂擅长迅速分解粪便，如果没有粪便，让土壤里的小草无法得到足够的氧气。这样一来，无论是植物和其他生物有足够的空间繁衍生息，还可以使营养回归土壤，让土壤越来越健康。蜣螂可以搬运和分解动物粪便，让分解的速度会慢上许多。蜣螂以粪便推回洞穴中。

"那么多昆虫生活在土壤里面或土壤外面，它们可以改善土壤结构，为土壤增添营养。所以我认为，对土壤生物多样性来说，昆虫最重要！"

动物学家佐伊

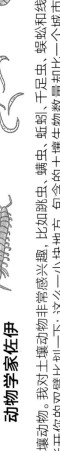
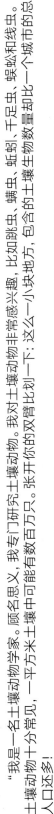

"我是一名土壤动物学家。顾名思义，我专门研究土壤动物。我对土壤动物非常感兴趣，比如跳虫、螨虫、蚯蚓、千足虫、蜈蚣和线虫。土壤动物十分常见，一平方米土壤中可能有数百万只。包含的土壤生物数量却比一个城市的总人口还多！

"跳虫体型很小，看着和一般的昆虫没有区别，但它们身体末端有着尾巴一样的附肢，一旦遇到危险，它们就会利用附肢把自己弹射到空中。跳虫可以跳到10厘米高，对人类而言，这个高度就相当于跳跃了一座摩天大楼。跳虫遍布世界各地，甚至在南极、沙漠和热带丛林这样极端的土壤条件中也能找到它们的身影。

"跳虫会将土壤中死去的植物组织撕碎，混合，然后吃掉。在它们大快朵颐的同时，营养能够重新回归土壤，这有助于改善土壤微生物的生存环境，提升土壤生物的多样性。但是，以上这些还不能概括全部！还有一些跳虫以细菌和真菌为食，也会影响生物的生物多样性哦。"

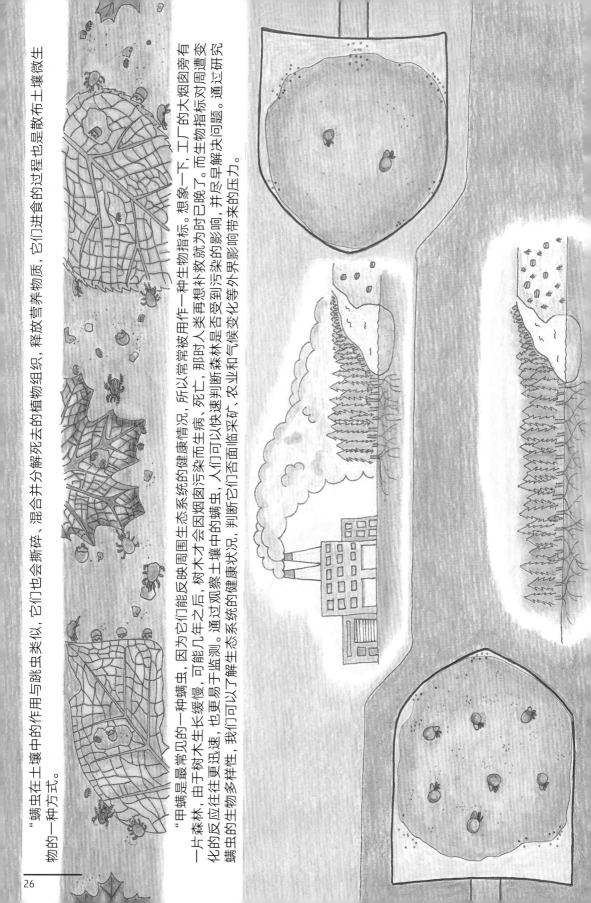

"螨虫在土壤中的作用与跳虫类似，它们也会撕碎、混合并分解死去的植物组织，释放营养物质，它们进食的过程也是散布土壤微生物的一种方式。"

"螨虫是最常见的一种螨虫，因为它们能反映周围生态系统的健康情况，所以常常被用作一种生物指标。想象一下，工厂的大烟囱旁有一片森林，由于树木生长缓慢，可能几年之后，树木才会因烟囱污染为时已晚就为时已晚了。而生物指标对周遭变化的反应往往更迅速，也更易于监测。通过观察土壤中的螨虫，人们可以快速判断森林是否受到污染的影响，并尽早了解生态系统的健康状况，判断它们否面临采矿、农业和气候变化等外界影响带来的压力。

"还有些动物又细又长，也住在土里，比如蚯蚓、千足虫、蜈蚣和线虫！

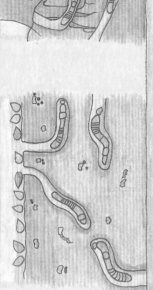

"和蚂蚁一样，蚯蚓也是生态系统的工程师。蚯蚓在土壤里挖掘洞穴时，会把各种植物组织混合在一起。这个过程有助于植物降解，为土壤里其他生物提供食物。

"但在原有栖息地以外的环境中，蚯蚓也会破坏生物多样性。有时，蚯蚓在土壤中大肆挖掘，会极大地改变森林土壤的环境，让居住在其中的其他生物难以找到熟悉的食物和栖息地。

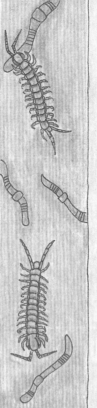

"千足虫也叫'马陆'，它们在进食时会将植物组织撕成小块，与更小的土壤生物和微生物一起搅拌进泥土里。幸亏有了千足虫这样的'大家伙'，体型更小的土壤动物才能得到足够的食物。

"蜈蚣是捕食者，它们会捕杀其他土壤动物作为食物。通过这种方式，蜈蚣可以帮助控制土壤中的生物数量。

"线虫是一种肉眼看不见的、像小蠕虫一样的土壤动物。它们以植物和微生物为食，而更大的土壤动物则以它们为食。与螨虫一样，线虫也可以当做生物指标，但线虫数量多不一定意味着土壤更健康，因为线虫也是一种害虫，会啃食农作物的根。

"土壤中有那么多联结着植物和微生物的动物，因此我认为，对土壤生物多样性来说，动物才是最重要的！"

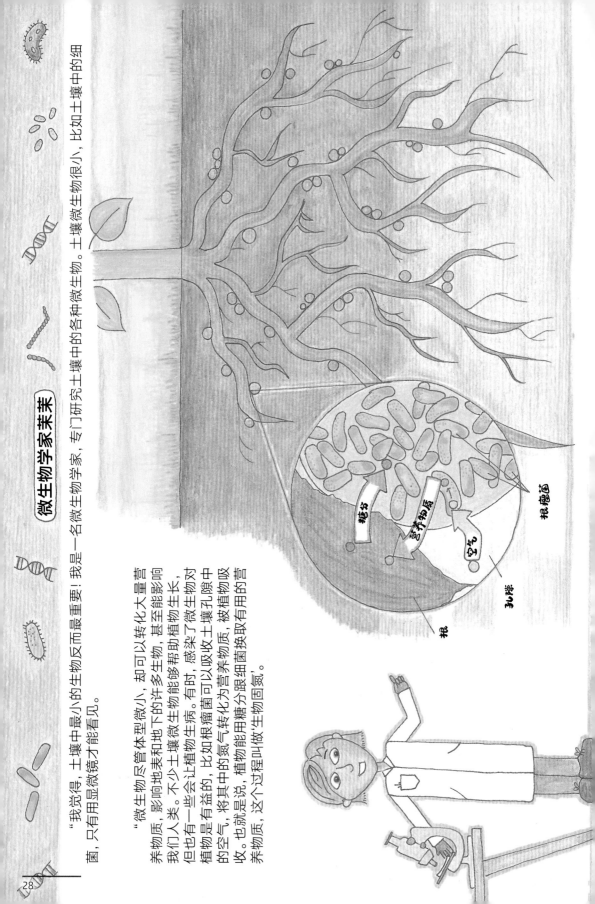

"我觉得，土壤中最小的生物反而最重要！我是一名微生物学家，专门研究土壤中的各种微生物。土壤微生物很小，比如土壤中的细菌，只有用显微镜才能看见。

"微生物尽管体型微小，却可以转化大量营养物质，影响地表和地下的许多生物，甚至能影响我们人类。不少土壤微生物能够帮助植物生长，但也有一些会让植物生病。有时，感染了微生物对植物是有益的，比如根瘤菌可以吸收土壤孔隙中的空气，将其中的氮气转化为营养物质，被植物吸收。也就是说，植物能用糖分跟细菌换取有用的营养物质，这个过程叫做'生物固氮'。

糖分

营养物质

空气

孔隙

根

根瘤菌

28

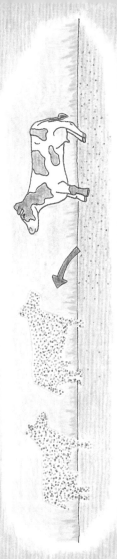

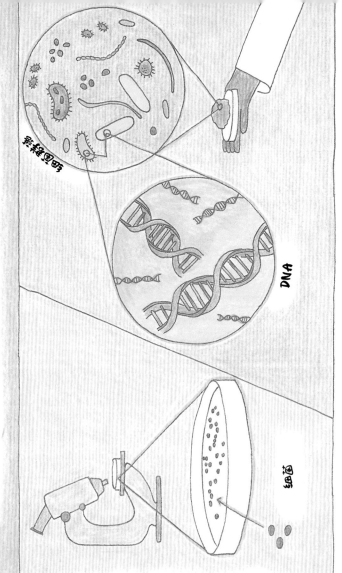

细菌（放大）

DNA

细菌

"大家还记得吗？蚂蚁的生物量在地球所有动物中数一数二，但细菌的生物量其实比蚂蚁还要大！在这个世界上，细菌的生物量仅次于植物。动物是多细胞生物，体内有上亿个细胞，而细菌是仅由一个细胞组成的单细胞生物。但是由于细菌的数量十分庞大，它们的总重量往往比一只奶牛还大！

"科学家们可以在培养皿中培养土壤细菌，再用显微镜来研究它们。但土壤中的细菌种类实在太多，而且很多细菌无法在培养皿中成活，如果只采用这种方法，我们无法了解土壤细菌多样性的全貌。

"如今，土壤生物学家会采用一种叫做'宏基因组学'的新方法来辨识土壤生物。目前，科学家正在借助这种新方法研究微生物群落，也就是土壤中各种微生物种群的集合。多了解微生物对我们来说意义重大，因为微生物决定了整个生态系统是如何运转的，我们的食物是如何生长的，它们甚至还可以用作药物。

"一勺土中就可能存在上亿只甚至上千亿只细菌。目前，土壤中大部分微生物还没有被发现，人们对土壤微生物扮演的角色也知之甚少，还有很多东西有待研究！土壤微生物种类如此之多，因此在我看来，微生物才是土壤生物多样性中最重要的！'

真菌学家梅洛迪

"作为一名真菌学家，我专门研究土壤真菌与植物生命的关系。一些真菌甚至可以长到比大象和蓝鲸还大。实际上，世界上最大的生物就是真菌！"

根尖

菌根

菌丝

"土壤真菌由细长交错的菌丝构成，它们往往深藏于地下，有时也会长成随处可见的蘑菇。部分土壤真菌的分解能力极其强大，甚至可以分解木头这样坚硬的东西，但有些有害真菌则会损坏植物根系。

"不少土壤真菌以植物根系为家，与植物相互依存。它们的共生体叫做'菌根'，那菌根是如何生存的呢？

"菌根不通过分解其他物质来获取食物。它们从植物的根中直接获取糖分。作为回报，真菌会沿着根系不断向外伸展，从根系难以触及的地方获取水和营养物质，再把自己当做运输管道运送给植物。

"菌根甚至还能利用化学物质帮助植物相互交流。植物会从根部释放一种化学物质，通过菌根运送给另一棵植物，从而向邻近的植物发出害虫来犯的警告。

"真菌可以回收土壤营养，帮助植物生长和交流，生物量还如此巨大。所以我认为，对土壤生物多样性来说，真菌最重要！"

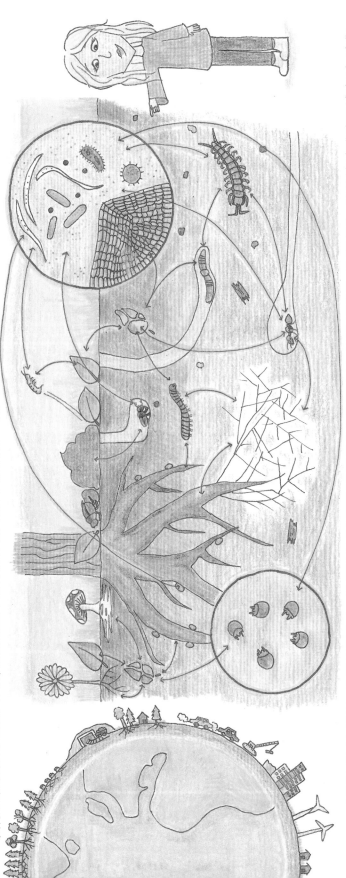

生态学家埃米莉

"我同意其他科学家的意见，从微生物到植物，每种生物都很重要，都在为土壤生物多样性做贡献。作为一名土壤生态学家，我专门研究土壤生物和周围环境的相互作用。

"土壤生态系统是一个巨大的网络，所有生物都息息相关。植物与微生物紧密相连，因为微生物能为植物转化营养物质，让其从根部吸收。土壤微生物与动物相互联系，因为有些动物以它们为食。土壤昆虫与植物密不可分，因为植物为它们提供了食物和栖息地。土壤动物与昆虫形影不离，因为昆虫各种组织集碎并混进泥土，供土壤动物食用……这样的例子不胜枚举。显而易见，没有土壤就没有生物多样性，也就没有土壤中各种各样的生物，也就没有土壤。

"我们利用土壤时，必须放眼未来，不能只考虑眼下能获取多少食物和木材。在种植粮食、砍伐森林、钻井挖矿或建设城市时，我们都要问问心目中问："这样做能不能让土壤生物多样性延续下去，让我们今后继续从土壤生物的活动中受益？'如果我们不爱惜土壤及其中的生物，我们就留不住地球上的勃勃生机。"

31

"土壤种类繁多，构成复杂，又蕴含如此丰富的生物多样性，因此，科学家们必须携手合作，深入探究土壤生物多样性如何让生态系统更加健康，如何让土壤更好地提供生态系统服务。"埃米莉总结道。

科学家们相视而笑。最终，他们明白了，只有齐心协力，才能保护土壤生物多样性、保持土壤活力、保存地球生机。

"那么，在土壤生物多样性中，什么最重要？"

各位科学家看向彼此，异口同声地说道：

科学论文:

Addison, J.A. 2009. Distribution and impacts of invasive earthworms in Canadian forest ecosystems. Biol. Invasions 11:59-79.

Bar-On, Y.M., Phillips, R. and Milo, R. 2018, The biomass distribution on Earth PNAS 111(14):5266-5270. Also see: www.vox.com/science-and-health/2018/5/29/17386112/all-life-on-earth-chart-weight-plants-animals-pnas

Behan-Pelletier, V. M. 2003. Acari and collembolan biodiversity in Canadian agricultural soils. Can J. Soil Sci. 83: 279-288.

Berg. et al. 2020. Microbiome definition revisited: old concepts and new challenges. Microbiome 8:103 22 p.

Briones, M.J.I. 2014. Soil fauna and soil functions: A jigsaw puzzle. Frontiers in Environmental Science vol. 2, 22 p.

Chen, X.D. and 5 others. 2020. Soil biodiversity and biogeochemical function in managed ecosystems. Soil Research 58:1-20.

Christiansen, K.A., Bellinger, P., Janssens, F. 2009. Collembola (Springtails, Snow Fleas). *In*: Resh and Carde (Eds.), Encyclopedia of Insects, 2nd Edition, Academic Press pp. 206-210.

Cristescu, M.E. and Hebert, P.D.N. 2018. Uses and misuses of environmental DNA in biodiversity science and conservation. Ann. Rev. Ecology, Evolution and Systematics 49:209-230.

Dubey, A., Malla, M.A., Khan, F., et al. 2019. Soil microbiome: a key player for conservation of soil health under changing climate. Biodiversity and Conservation 28:2405-2429.

Floate, K.D. 2011. Arthropods in Cattle Dung on Canada's Grasslands. In K. D. Floate (Ed.), *Arthropods of Canadian Grasslands*, Vol. 2. Biological Survey of Canada. Pp. 71-88.

Fouke, D.C. 2011. Humans and the soil. Environmental Ethics 33:147-161.

Frouz, J., Jilkova, V. 2008. The effects of ants on soil properties and processes (*Hymenoptera: Formicidae*). Myrmecological News. 11: 191-199.

Giesen, S., Wall, D.H., van der Putten, W.H. 2019. Challenges and opportunities for soil biodiversity in the anthropocene. Current Biology 29:R1036-R1044.

Gorzelak, M. A. Asav, A.A., Pickles, B. J., Simard, S. W. 2015. Inter-plant communication through mycorrhizal networks mediates complex adaptive behaviour in plant communities. AOB PLANTS. 2015. Doi: 10.1093/aobpla/plv050

Lavelle, P.A. and 10 others. 2016. Ecosystem engineers in a self-organized soil: A review of concepts and future research questions. Soil Science 181:91-109.

Peralta, A., Sun, Y., McDaniel, M.D., Lennon, J.T. 2018. Crop rotational diversity increases disease suppressive capacity of soil microbiomes. Ecocosphere 9(5):e02235 16 p.

Powlson, D., Xu, J. and Brookes, P. 2017. Through the eye of the needle - The story of the soil microbial biomass. In K.R. Tate, Ed. Microbial Biomass: A Paradigm Shift in Terrestrial Biogeochemistry. London UK: World Scientific, London, 327 p.

Saleem, M., Hu., J. Jousset, A. 2019. More than the sum of Its parts: Microbiome biodiversity as a driver of plant growth and soil health. Annu. Rev. Ecol. Evol. Syst. 50:145-68.

Thakur, M.P. and 26 others. 2020. Towards an integrative understanding of soil biodiversity. Biol. Rev. 95:350-364.

给小读者们的参考书:

Grover, S. and Heisler, C. 2018. Exploring Soils: A Hidden World Underground Australia: CSIRO Publishing. ISBN: 9781465490957. Colour illustrations, 32 p.

Ignotofsky, R. 2018. The Wondrous Workings of Planet Earth: Understanding our world and its ecosystems. Berkeley:Ten Speed Press. ISBN 9780399580413 128 p. also see Author's presentation at https://youtu.be/KQsM0TEziUg

Kappler, C. and Virostek, R. 2019. Dirt to Dinner: It Starts With A Seed, but Is That All We Need? Medicine Hat, Canada: Connie Kappler ISBN: 9781999299606, 39 p.

Rajcak, H. Laverdunt, D. 2019. Unseen World: Real-life Microscopic Creatures Hiding All Around Us. Kent, UK: What on Earth Books ISBN 1999968018 36 p.

Stroud, J.L, M. Redmile-Gordon and W. Tang. 2020. Under your Feet: Soil, Sand and Everything Underground. New York, New York: DK Publishing. ISBN: 9781465490957. Colour illustrations, 64 p.

网络资源:

Behan-Pelletier, Valerie. Soil biodiversity podcast https://www.oursafetynet.org/2020/05/21/podcast-episode-1-soil-biodiversity/

Beugnon, R., Jochum, M.,Phillips, H. [Collection Editors] 2020. Frontiers for Young Minds, Soil Biodiversity. https://kids.frontiersin.org/collection/11796/soil-biodiversity

Blanchart, E., Chevallier, T., Sapijanskas, J., Bispo, A. Guellier, C. and Arrouays, D. 2010. Soil biodiversity card game [in French] https://www.ademe.fr/vie-cachee-sols English version: www.globalsoilbiodiversity.org/s/Macrofauna-game-cards.pdf

FAO. 2020. It's alive! Soil is much more than you think. Soil biodiversity is the foundation for human life. video. https://youtu.be/hbdsHOnd_gw?t=22; also see photos & clips at www.flickr.com/photos/faooftheun/albums/72157716380971407/with/5046041 8053/

Murray, Andy. A chaos of delight - soil mesofauna. https://www.chaosofdelight.org/

Orgiazzi, A. et al. 2016. Global soil biodiversity atlas. 184 p. Joint Res. Ctr, European Soil Data Ctr. https://esdac.jrc.ec.europa.eu/public_path/shared_folder

给教育工作者和学生的参考文献:

Asshoff, R., Riedl, S. and Leuzinger, S. 2020. Towards a better understanding of carbon flux. J. Biol. Education 44(4):180-184.

Green, K., Roller, C. and Cubeta, M. 2019. A plethora of fungi: Teaching a middle school unit on fungi. Science Activities. 56(2):57-62.

Krzic, M. Wilson, J., Hazlett, P. and Diochon, A. 2019. Soil science education practices used in Canadian post-secondary, K-12, and Informal settings. Nat. Sci. Educ. 48:190015 6 p.

Lehtinen, Taru. 2016. Tea4Science: Lesson plan for plant litter decomposition. Soil Science Soc. Amer., Madison USA; one of many resources at www.soils4teachers.org/home

Lessard, R. Gignac, L.D. 2002. Carbon Rising: Measuring CO₂ fluxes from the soil. Green Teacher, n68 p34-38.

Lindbo, D, Kozlowski, D.A. a n d Robinson, C. [Editors]. 2012. Know soils, know life. Soil Science Soc. America, Madison USA 206 p. doi:10.2136/2012.knowsoil

McGenity and 30 others. 2020. Visualizing the invisible: class excursions to ignite children's enthusiasm for microbes. Microbial Biotechnology 13(4):844-887.

生命之家

作者简介

茹利娅·斯图基是一名林业工程师，拥有热带农用林业理学硕士学位和生物多样性及生态农业博士学位。2011年起，茹利娅就职于巴西国家农业研究公司（Embrapa），主要负责环境教育、生态农业以及水土可持续管理公共政策方面的知识交流。

克劳迪奥·卡佩切是一名农学家，拥有土壤科学理学硕士学位。1990年，克劳迪奥进入巴西国家农业研究公司担任研究员，主要负责水土和生物多样性管理养护技术转移、退化区域修复，以及土壤知识教育等工作。1997年起，他兼任巴西国家农业研究公司校园合作项目（Embrapa & Escola）的协调员。

米莱娜·帕利亚奇是一名来自巴西的塑料艺术家、推广人士兼艺术治疗师。她曾在意大利佛罗伦萨攻读艺术专业，其间多次参加各类艺术展览和比赛。米莱娜主持了许多场线上和线下活动，并在巴西圣保罗成立工作室为成人和儿童开设艺术课程。

巴西国家农业研究公司土壤研究院（Embrapa Soils）是一家专门研究热带土壤的全球性信息机构。该机构以"促进可持续农业研发创新"为愿景，致力于持续为巴西社会带来福祉。

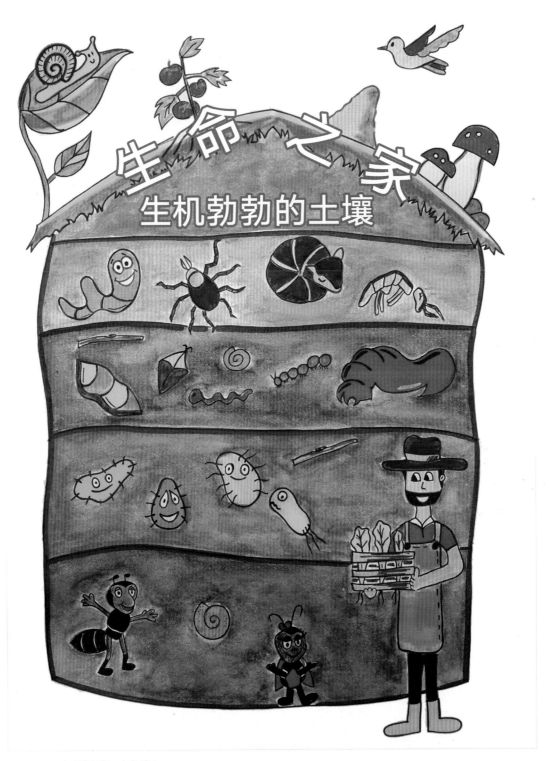

生命之家
生机勃勃的土壤

克劳迪奥·卡佩切
茹利娅·斯图基
米莱娜·帕利亚奇

所有生物都需要一个可以栖息的家园。大地，或者说"土壤"，就是我们的家园。

我们个头小小，数量庞大，生活在土壤表面和内部。我和我的伙伴们大小不一、颜色各异，形状也是千奇百怪。

有了我们，才有充满生机的土壤和健康美丽的地球！接下来，就让我们介绍一下各自的工作吧！

你知道吗？土壤是很多生物的"生命之家"，是我们在精心照顾着土壤！

土壤里外的一切都是我们的食物！我们以落叶、枝杈、水果和其他碎屑的大杂烩为食！嗯，真香！我们一起构成了**土壤生物多样性**！

我们的食物叫做"有机质"。饱餐之后，有机质会被我们转化为腐殖质，对植物来说，这可是上好的补品呢！**腐殖质**富含多种维生素，可以让植物长得健康又强壮！

你好呀！我是一只**小铠鼠**，大家也叫我"**犰（qiú）狳（yú）**"。我是植物的好朋友，因为我可以制造出腐殖质，让植物更加靓丽！

很高兴认识你！我是一只**蠕虫**，我的工作是在土壤中啃噬出一条条通道，让土壤变得疏松。这项工作非常重要，因为这样才能让植物根系更加茁壮，植物才能长得更好！

你好！我们是**跳虫**，以土壤中的各种碎屑为食。我们吃得肚子圆滚滚，土壤也变得更牢固了！

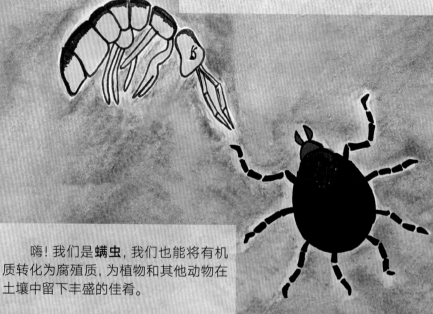

嗨！我们是**螨虫**，我们也能将有机质转化为腐殖质，为植物和其他动物在土壤中留下丰盛的佳肴。

你好，我们是**微生物**!

我们的体型很小很小，只有借助显微镜才能看到我们。

我们是**真菌**，如果我们大量生长，不用显微镜也能看到。我们是营养转化的主角!

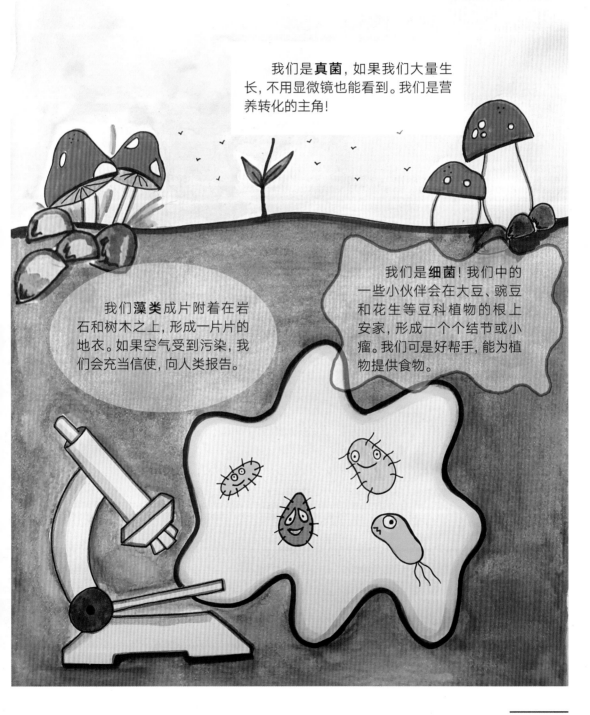

我们**藻类**成片附着在岩石和树木之上，形成一片片的地衣。如果空气受到污染，我们会充当信使，向人类报告。

我们是**细菌**!我们中的一些小伙伴会在大豆、豌豆和花生等豆科植物的根上安家，形成一个个结节或小瘤。我们可是好帮手，能为植物提供食物。

我是**蜗牛**，这是我的好朋友**蛞**(kuò)**蝓**(yú)，它也叫"鼻涕虫"。我们会在植物之间缓慢移动，运送真菌、细菌和其他小动物，帮助它们在土壤上四处活动。

嗨，大家好！我是**陆生蟑螂**，我们将有机质转化成植物的美味佳肴，还能在土壤中制造很多孔洞，促进空气流通，让植物的根呼吸到新鲜空气。

哈喽！我们是**小蚂蚁**，在蚁穴中工作和生活。我们将细小的沙土从土壤底部运往顶部，形成小小的蚁丘。我们工作越忙碌，土壤越牢固！

我们的工作非常重要！瞧，我们在土壤中钻孔挖洞，土壤就变得更加松软了。

有了我们的帮助，植物根系才能顺畅呼吸、茁壮成长，更好地探寻食物和水源。我们打造的孔洞和通道还能帮助雨水渗入土壤。

雨水最终会从土壤内部汇入河流源头。看到泉眼中积聚着清水，动物们都笑开了花。

多亏了土壤中所有小伙伴的共同努力，土壤才变得健康又牢固！

不仅如此，**土壤还是植物扎根生存的家园**，健康的土壤能让植物更加茁壮成长，为人类创造更多食物！

你见过、种过或者收获过玉米、番茄、甘蔗、马铃薯、水稻和山药吗？

当我们品尝着美味可口的一日三餐时，你是否好奇，土壤在其中起到了什么作用？有句话是这么说的：盘中餐，土里长，强身体，益健康！

而为了让土壤中的小动物们和平共处，齐心协力照料土壤，好好保护它们也很重要！

一起来看看吧！

有这样一群人：他们的工作非常重要，每天照料土壤、播种耕耘、收获粮食。

他们就是农民叔叔、农民阿姨！是他们精心照料着我们的**生命之家：土壤！**

当农民们在田野中辛勤劳作时, 要尽量避免以下做法:

- 在土壤上生明火。火焰会杀灭土壤中的动物和植物, 让土壤丧失生机。

- 随意翻动土壤或在土壤中挖洞。这会扰乱我们的家园和工作成果。

- 让土壤光秃秃地暴露在外, 不留植被和树木, 也不留枯叶和树枝等珍贵的有机质。

这样一来，火辣辣的太阳就会晒干我们的家园，让我们口渴难耐，食不果腹。

所以说，如果不对土壤加以保护，我们可就遭殃啦！

下雨的时候，雨滴也会重重敲在我们的屋顶上！

雨水的冲刷会在土壤中留下孔洞，也会让我们的工作成果毁于一旦，让土壤变得病恹恹的。

如果土壤可以得到农民叔叔和农民阿姨的精心照顾，我们也能得到保护。**生命之家**里所有的生物都很感激他们，地球也会变成欢乐之家！

　　这样，我们、人类和所有其他生物都能得到食物、水源、清新空气和更多馈赠，让生活更加健康！

所以，让我们一起关爱土壤，
爱护我们的生命之家吧！

一起来涂色!

小朋友们,大家好!我们给大家准备了一份惊喜。你知道吗,很多土壤都可以用于制作绘画颜料。你见过黄色、橘黄色、红色、棕色、灰色、黑色、白色、粉色,和其他颜色的土壤吗?多有趣呀!

一起学习用土壤制作颜料吧!

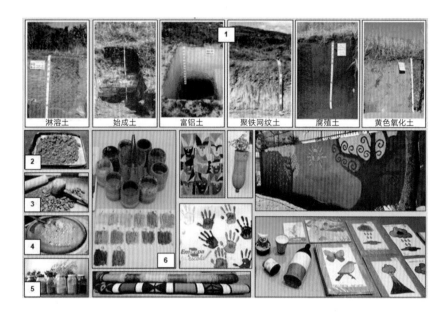

淋溶土　　始成土　　富铝土　　聚铁网纹土　　腐殖土　　黄色氧化土

准备土壤:
　　(1) 收集一些土壤;
　　(2) 把土壤放在阳光下晒干;
　　(3) 待土壤干燥后把土块打碎;
　　(4) 把土壤过筛后储存起来。

准备颜料:
　　把两份筛过的土壤、一份乳胶和一点水搅拌在一起,等所有原料溶解混合,你就拥有土壤做成的颜料啦!用它们来完成绘画后,要耐心等待颜料变干哦!

这则小故事通俗易懂，向儿童这个特别的群体科普了"生命之家"——土壤中各种生物对地球家园的重要性，正是故事中的小生命们构成了土壤生物多样性。谨此与孩子们一起庆祝12月5日"世界土壤日"。

"保持土壤生命力，保护土壤生物多样性"

保持土壤生命力，保护土壤生物多样性

作者简介

　　阿尔多·埃尔南德斯， 22岁，来自墨西哥，目前在墨西哥国立自治大学攻读视觉传播和设计学位。他是某场有关土壤养护的海报设计比赛的冠军，也是通过这次比赛，首次接触到国际土壤科学联合会。他相信向全年龄层人群科普土壤养护知识的意义，以及创造多样化的视觉材料的重要性。通过这种方式，每个人都能了解如何保护我们的生存环境。

保持土壤生命力，
保护土壤生物多样性

土壤是地球上极为重要的资源，像水或空气一样不可或缺，但却未获得足够的重视。

没有土壤，粮食便无处种植，为地球制氧的植物就无从生长，人类也无法生存。

土壤是庞大的生物栖息地，维持土壤肥力离不开这些土壤生物。这些生物至关重要，需要我们的了解与保护。土壤中有成千上万种生物，需要精心爱护，如果你想了解更多关于土壤多样性及其重要性的信息，请查阅欧盟委员会联合研究中心的全球土壤生物多样性地图集。

保持土壤生命力，保护土壤生物多样性。

公园里，莉莉亚娜抱着小猫西蒙，思考着与妈妈的对话。

咳咳……你长大后想做什么？

超级英雄！

为什么呢？你不想当律师或是护士吗？咳咳……

因为你总是生病，我想为你做点什么。

等你明白自己长大后要成为怎样的人，你就能帮到我了。

小猫咪西蒙，我不知道自己想要成为什么样的人。我的朋友们都想成为警察、舞蹈家或者航天员。

为什么世界上没有专门拯救世界的超级英雄呢？

谁说世界上没有超级英雄？

你是谁？！

我叫拉尔夫，一个超级英雄。

真的吗？！

53

当然啦！虽然我只是一只鼹鼠，但每天都在拯救世界。所以，别再说超级英雄不存在啦。

那你的英雄披风在哪里？战靴又在哪里？你看起来一点也不像超级英雄。

我真的是超级英雄，你也可以成为超级英雄！

真的吗？！

当然是真的，我们的战队需要更多人类加入。你想知道如何成为一名超级英雄吗？

当然！

出发！

咻！

这是哪儿?

哇哦,我之前完全不知道,土壤中竟然有这么多生物。

这里是根际土壤,是地面环境的一种。

动物、昆虫、细菌……一平方米土壤下可能栖息着一万种生物!

哇!可这和拯救世界有什么关系呢?

这么说吧,对地球而言,土壤是非常重要的自然资源。水果、蔬菜、供动物食用的植物,以及制造氧气供我们呼吸的树木和花朵,都生长在土壤中。

没有土壤,也就没有肉类、水果、蔬菜,没有植物、动物,甚至连空气也没有。如果你爱护土壤,就是在拯救全世界!

那你的超能力是什么?

吃掉害虫吗?

超能力?嗯,我确实能保护土壤不受害虫侵害。

土壤中有许多小动物,比如昆虫幼虫、蚂蚁和蚯蚓。这些动物尽管对土壤有益,但如果数量过多,它们消耗的营养会超过制造的营养。

我负责把它们吃掉,不让它们惹麻烦。

嗨,埃玛!

嗨，拉尔夫！你在这里干什么呢？

我在向新队员介绍我们的工作。

我是埃玛，一株菌根真菌。

嗨，我叫莉莉亚娜，这是我的小猫西蒙。

你有超能力吗？

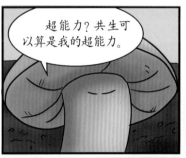

超能力？共生可以算是我的超能力。

共生？

我生长在植物根系内外，与植物相互帮助、互利共生。

我从植物中吸收糖分，作为生存所需的营养。

作为回报，我会为植物提供矿质营养，帮助它们更好生长。

我可以试试吗？

当然啦！拿好！

谢谢你，莉莉亚娜！

嘿，拉尔夫！我们在这里！

莉莉亚娜，这是威利和戴安娜，接下来的知识就由他们来向你介绍吧！

很高兴认识你们！

我很开心能帮上忙。

幸会幸会！

埃玛，回头见！

来，我们需要从这个地道穿过去。

准备好，我们得缩得更小才行。

轰！

这里的地道真大啊！

感谢夸奖，这是蚂蚁、蚯蚓共同努力的成果。

我们挖的地道、洞穴不仅能用来居住，还能让土壤中的营养物质分布得更加均匀。

这些地道和洞穴还能过滤水源，让这里所有生物喝上干净的水。

哇！这工作量可不小呀！

这还不是全部呢！我们还会生产生物聚合物，帮助土壤保持最佳状态，让土壤内外的生物得以生存。

等等！拉尔夫说他会吃掉蚂蚁和蚯蚓，你们不害怕吗？

不害怕，因为他也会帮我们建造地道。

而且，鼹鼠死去后，会成为我们的食物，富含营养和能量。

所以，拉尔夫的超能力是化身为能量……

我们在这里!

这是麦克，是最早的超级英雄之一，早在35亿年前就开始拯救地球了。

他在哪儿？我怎么看不见呀？

我们将你再缩小一些，这样你就能和他交流了。

轰

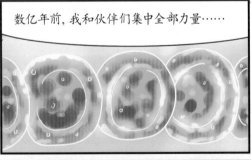

麦克是蓝藻，一种能将空气中的惰性氮转换成氨的原核生物。氨可以使植物茁壮生长，生产更多果实和种子。

这么久以来，你一直在拯救世界吗？

是呀。

数亿年前，我和伙伴们集中全部力量……

……为整个地球制造了氧气。

我们释放氧气供植物吸收，植物才得以茂盛地生长。

你是怎么做到的?

这就是我的超能力——光合作用。

可是……我做不到，我没有这样的能力。

我只见到了五位超级英雄，但你们各司其职，各显神通……

莉莉亚娜，你也有强大的超能力，那就是对土壤生物多样性的保护意识! 现在，你知道了我们的存在和作用，你会更加珍惜我们!

我该如何帮助你们呢?

好好爱护我们,让更多人一起爱护我们。我们需要人类的帮助来继续拯救世界!

但我能做的其实很少……

星星之火,可以燎原!

记住,保持土壤生命力,保护土壤!

拯救世界,原来这么简单?

再见!

回头见!

哇!

星星之火……

……可以燎原!

这个公园比我记忆中的还要美!

妈妈!

我感觉好多了,你想在这里玩一会儿吗?

想!

现在你知道长大后想做什么了吗?

我想成为一名超级英雄!

真的吗?

真的! 妈妈, 你知道鼹鼠挖的地道可以拯救世界吗?

本节完

欧盟委员会欧盟出版署《全球土壤生物多样性地图集》第176页。

Orgiazzi, A., Bardgett, R.D., Barrios, E., Behan-Pelletier, V., Briones, M.J.I., Chotte, J-L., De Deyn, G.B., Eggleton, P., Fierer, N., Fraser, T., Hedlu nd, K., Jeffery, S., Johnson, N.C., Jones, A., Kandeler, E., Kaneko, N., Lavelle, P., Lemanceau, P., Miko, L., Montanarella, L., Moreira, F.M.S., Ramirez, K.S., Scheu, S., Singh, B.K., Six, J., van der Putten, W.H., Wall, D.H. (Eds.), 2016, Global Soil Biodiversity Atlas. European Commission, Publications Office of the European Union, Luxembourg. 176 pp.

汤米的土壤奇遇记

作者简介

涅夫蒂塔·德希穆克是一名来自印度孟买的设计老师兼自由设计顾问,同时也是一位幸福的母亲。她深爱教育事业,目前在印度吉吉博伊爵士应用艺术学院（JJIAA）和法国巴黎高等视觉传达艺术学院（Intuit Lab）担任客座讲师。女儿的出生令德希穆克萌生了与他人合建群鸟儿童图书馆（Anek Chidiya）的想法。目前,她正努力成为认证童书作家和图书馆讲解员,同时继续攻读设计学硕士学位。

苏拉比·迪奥达尔是一名生物学家,机缘巧合下成为一名法语教师,同时她也是一位称职的好母亲。迪奥达尔拥有英国约克大学分子生物学专业硕士学位,但她选择了投身于神圣的教育事业。她热爱旅游、交际和阅读,这也是她2019年建立群鸟儿童图书馆的初衷。

群鸟儿童图书馆主要面向0～8岁儿童,这里既是一座图书馆,也是一个童书讲解俱乐部,其中既有世界名著,也有涵盖多种语言的各地读物。平时,群鸟儿童图书馆会举办"故事工坊"等趣味活动激发孩子们的想象力,也会组织图书俱乐部和系列讲座来帮助开发家长们的创造性思维。

汤米的土壤奇遇记

涅夫蒂塔·德希穆克、苏拉比·迪奥达尔 著

参考文献

欧盟科普手册《生命工厂：土壤生物多样性为何如此重要？》
http://ec.europa.eu/environment/archives/soil/pdf/soil_biodiversity_bro-
chure_en.pdf

《土壤生物多样性与环境——环境与资源年度评论》2015年11月刊，第40
期，63-90页
http://www.annuareviews.org/doi/abs/10.1146/annurev-envi-
ron-102014-021257?journalCode=energy

澳大利亚新南威尔士州环境、能源与科学政府网站
http://www.environment.nsw.gov.au/topics/land-and-soil/soil-deg-
radation/soil-biodiversity#:~:text=Soil%20biodiversity%20the%20vari-
ety,up%20to%206%20billion%20microorganisms

欧盟委员会欧洲土壤数据中心（ESDAC）联合研究中心网站
http://esdac.jrc.ec.europa.eu/content/potential-threats-soil-biodiv-
eristy-europe

土壤生物多样性面临的威胁研究
http://www.ncbi.nlm.nih.gov/pmc/articles/PMC7295018/

粮农组织土壤刊物《土壤和生物多样性》
http://www.fao.org/fileadmin/user_upload/soils-2015/images/EN/WSD-
Posters_Promotional_Material/EN_IYS_food_Print.pdf
http://www.fao.org/tempref/docrep/fao/010/i0112e/i0112e07.pdf

美术设计素材
Vecteezy.com | istockphoto.com | stock.adobe.com

拯救我们的地球！

Concept and
design by

谨以此故事庆祝2020年世界土壤日，并向
联合国粮食及农业组织、国际土壤科学联合会
和全球土壤伙伴关系致敬。

保持土壤生命力，保护土壤生物多样性

天色已晚，汤米骑着自行车从公园回家。他飞快地蹬着车下山，突然发现路旁的灌木丛里闪耀出一道道亮光。这光太过刺眼，汤米不得不停了下来。

怎么回事？天呐！是一艘太空飞船！还有一个外星人！汤米不敢相信自己的眼睛，他用汗津津的手揉了揉眼，这个外星人竟然径直向他走来。它有着尖尖的耳朵和三只眼睛，其中一只眼睛高高立在头顶。最让汤米惊奇的是，外星人突然开口说话了：

自佐伯星球，

"你……你想要做什么？"汤米惊魂未定，结结巴巴地说。

"我到地球是为了寻找珍贵的'生命之源'，拯救佐伯星球。定位仪告诉我，'生命之源'就在这里！"嘀嘀解释道，说着挥了挥手中的一个小仪器。

汤米听完更糊涂了，他从没听说过什么"生命之源"，于是便说："嘀嘀，你肯定搞错了，这里没有你要找的东西！"

"哔哔——"嘀嘀的微型接收器突然开始狂响——定位仪找到目标了！只见嘀嘀按下按钮，接收器的盖子随之弹起，一个独臂机器人从里面探了出来。让汤米大吃一惊的是，机器人什么也没有拿，只从他脚下取走了一罐泥土！完成任务后，机器人两只尖尖耳朵上的指示灯开始交替闪耀，嘀嘀便合上了接收器的盖子。

"我的任务完成啦！

我终于找到了'生命之源'

PASSPORT

汤米目瞪口呆地看着眼前的外星人，脑海中充满疑惑。不过，他知道一定是发生了什么不可思议的事情。一个拥有超级科技的外星人，不远万里来到地球，只为取走一罐泥土？这罐土就是"生命之源"吗？这脏兮兮的东西有什么厉害之处呢？

"你大老远来到地球，就为了这些土吗？你觉得这些土就能拯救你的星球吗？"汤米难以置信地问道。

嘀嘀难过地摇了摇头，回答道："看来地球人与曾经的我们一样。你们还没意识到，这个星球焕发生机的奥秘，就在眼前的这罐泥土里。"

嘀嘀却说："看来只有等土壤消失

　　嘀嘀解释道，很久很久以前，佐伯星球也和地球一样生机勃勃。在那里，各种美丽神奇的小生物繁衍生息、和谐共处，但等到佐伯星人和人类一样，慢慢挥霍完星球上的自然资源后，这样的日子就一去不复返了。佐伯星人为了满足自己贪婪的私欲，污染了空气、土地和水源。当时，大多数佐伯星人都没有意识到，任何一颗星球上的生命都离不开土壤！是

球陷入危机了，你们才会明白！"

土壤在不断供养和修复生命，让星球一次次重焕生机，一旦土壤遭到破坏，整个星球就会逐渐枯萎衰落。汤米听完后不禁陷入了沉思，自己所在的地球不也因为人类活动上演着同样的悲剧吗？于是他问道："地球如今也正面临同样的问题，但我不明白，土壤怎么能拯救地球？它有什么特别之处？它是如何帮助各种生物生存的呢？"

土壤中居住着哪些"超级英雄"？

肉眼看不到的微生物

细菌和真菌生活在含水量充足的土块缝隙中，构建起了自然界的微生物奇观。微生物食入掉落在土壤中的有机物残渣，将其分解为微小颗粒，便于植物吸收。如果没有微生物，植物就无法通过根系获取营养。

神奇的原生生物

小巧的线虫动物

原生生物虽然体型极其微小，却可以吞噬致病菌。线虫动物看去像小蠕虫，也能和原生生物一消灭致病菌。神奇的是，线虫动可以在任何土壤中存活，甚至能北极生存！原生生物和线虫动物以确保对植物有益的微生物大活和繁衍，还能将植物的养料成更细小的颗粒。

这样看来，它们的工作量不小呀！

嘀嘀解释道,土壤和居住在其中的生物可以共同发挥作用,帮助矿物质和有机质重返地表食物链,确保地表生物都能得到生息繁衍所必需的营养物质。在土壤中各类和谐共处的生物的总和就叫做"土壤生物多样性",正是这些土壤生物在帮助地球上的生命体维持生存。汤米听完惊呆了,他完全不知道,自己脚下居然生活着这么多生物!

土壤中的"超级英雄"

形状不一 大小各异

让人毛骨悚然的小型节肢动物

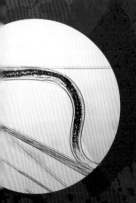

你有没有好奇过,植物枯萎的枝叶和死去动物的尸体最终都去了哪里?答案的关键就是小型节肢动物!小型节肢动物是指螨虫、跳虫一类的动物,它们会将土壤表面的动植物尸体嚼碎,并将碎屑散布到更深层的土壤中,这对于提高土壤肥力至关重要。

土壤中的"超级英雄"

形状不一 大小各异

小蠕虫和它的朋友们

你听说过"蚯蚓是农民最好的朋友"吗？这句话可是千真万确，没有半点虚假！蚯蚓可以为土壤补充氧气，它们像小铲子一样将土壤和空气搅拌在一起，让土壤环境更加疏松、舒适。这不仅有助于雨水渗透，更能增加土壤中的营养物质。除蚯蚓之外，蜈蚣、马陆、蚂蚁、白蚁、木虱，还有蝎子等，也能起到让土壤更加肥沃的作用，它们可真是维护土壤健康的"梦之队"呀！

穴居动物

你知道吗？有些动物不在地面筑巢，而是住在地下洞穴里！鼹（yǎn）鼠、獾（huān）、囊（náng）鼠、田鼠和鼩（qú）鼱（jīng）等动物会在土壤中挖掘洞穴，建造安全的地下住所，并主要以同样生活在土壤中的小动物为食。穴居动物的排泄物会为土壤补充营养，动物粪便其实也是对植物最有益的肥料！

"太神奇了！"汤米感叹道，"但为什么土壤
生物多样性对整个星球如此重要呢？"于是，嘀嘀
继续向他解释了土壤生物多样性的作用，来看看
汤米都学到了什么吧！

捕捉碳元素

提供食物

植物是地球上最原始的资源，土壤中的所有生物共同肩负起了创造和补充植物资源的责任。土壤中的营养物质滋养着植物，一些动物以植物为食，另一些动物又以这些动物为食。动物死去后，又化作植物的养料，营养物质就这样完成了一次大循环！

生物世界里，一切有机物都由碳构成，也正因如此，一切生物的诞生都以碳为基础。在土壤动物和微生物的帮助下，土壤可以捕捉碳元素，当土壤中含有丰富的碳元素时，就可以孕育新的生命。

储存水源

雨水如果充沛，就会渗入土壤，汇聚成大片的地下水。土壤生物会在土壤中打造一座"地下迷宫"，无数条孔道像筛子一样将雨水过滤、净化，甚至能使其变得可以饮用！土壤中的生物越多样，地下水的质量就越高。

防止侵蚀

如果土壤的结构完整性遭到破坏，就会变得越来越松散，难以维持原有形状。这样的话，雨水，甚至是冰都能带走表土，令土壤受到侵蚀，进而大大降低土壤吸收雨水的能力，有时甚至还会引发洪水，危及全世界人类和动物的安全！

防止害虫

药物实验室

　　健康的土壤是作物种植和粮食生产的基础。害虫会导致作物收成大量减少，因此，作物要健康，就不能受到害虫侵扰。土壤中有很多生物可以吃掉害虫、保护庄稼，这也解释了为什么我们必须保护土壤生物多样性。

　　土壤中存在着有益菌，当然也存在着可能带来危害的细菌。科学家们通过研究不同微生物间的互动情况，逐渐找出可以用来制造药物的有益菌，帮助人类对抗致病菌。土壤就像一个无比巨大的实验室，大自然在里面永不停歇地做着实验。人类可以从中探索奥秘，学习知识，研制出救死扶伤的药物。

危害土壤就是威胁我们的星球！

　　听到这里，汤米才明白土壤对嘀嘀有多么重要。没有了土壤，嘀嘀的佐伯星球就要走向灭亡！汤米开始理解为什么嘀嘀会把土壤称作"生命之源"了，但眼下地球情况也不容乐观，人类的家园——地球也正面临同样的命运，马上就要和佐伯星球一样深陷危机之中！嘀嘀向汤米讲述了地球和人类接下来将要面临的一些危险。

气候变化

　　对土壤中的生物而言，气候变化是一场浩劫，因为土壤本身也会因为气候变化而发生改变。

土壤盐碱化

　　灌溉不当和过度抽取地下水等会导致土壤盐度过高，进而逐渐变为荒漠。

土壤封闭

　　由于人类大肆开展工程建设，表土下形成了不透水的土层，导致土壤中氧气匮乏。

核污染

　　核废料会对土壤造成严重污染，导致土壤生物大量死亡。

土壤侵蚀

　　风吹雨淋、伐木毁林和工程建设都会造成表层土壤流失，生活在土壤下层的生物也会因此受到巨大伤害。

土地用途改变

　　如果人们强行种植不适合的作物，会导致土壤状态不稳定，不再适宜土壤生物生存。

爱护森林资源

森林是地球最大的宝藏！伐毁林和过度开发森林资源引发的灾会导致大规模土壤侵蚀。所以爱护森林这座宝库就是爱护土壤就是保护整个地球！

保护土壤，从我做起！

　　我们的地球也和嘀嘀所在的佐伯星球一样，正面临着土壤被破坏的危险。人类应该如何保护珍贵的土壤资源呢？汤米绞尽脑汁、冥思苦想，终于想出了以下几条建议：

研究土壤

要想找到拯救地球的方法，我
要更加了解土壤中的"无名英
！目前，人们已知并已开展研究
菌和真菌种类仅占其总数的
我们必须把这个数据提上去！

拿起法律武器

　　各国政府需要制定完善的法律法规，防止贪婪的人类对地球造成永久伤害！

积极减少污染

　　土壤与水源、空气息息相关、密不可分，因此，我们必须防止水污染和空气污染继续恶化，否则，因人类活动而渗入土壤的化学污染物将对整个地球造成影响。

汤米仍然沉浸在嘀嘀的描述带给他的震撼中，他现在有一肚子问题想问。

既然嘀嘀需要的土壤与地球相同，那么佐伯星球上也有与地球上相似的动植物吗？

为什么佐伯星人有三只眼睛？

外星小朋友也和人类一样每天上学吗

但嘀嘀已经踏上了太空飞船，即将离开。"我必须赶快回到佐伯星球，拯救我的家园！没有时间了！地球人，记住我的话，不要重蹈我们的覆辙……对你们而言，一切都还来得及！有了土壤、水和空气，地球才能拥有生命，好好保护它们！"话音刚落，飞船便"轰"地一声驶离了地球。

汤米回到家，妈妈正焦急地等待着他。汤米告诉了妈妈刚才发生的一切，他想知道，自己一个小孩子能做些什么。妈妈对汤米说："就像土壤中的小生命可以为整个地球带来生机一样，我们每个普通人都可以从自身做起，齐心协力保卫我们美丽的家园！"现在的汤米已经成了一名"土壤小卫士"，每天都会在力所能及的范围内帮助修复和保护土壤，并向身边的每一个人讲述土壤的重要性。你也可以像他一样！

汤米正在寻找生活在地下的小生物们！快来帮他画一条可以找到最多土壤动物的路线吧！

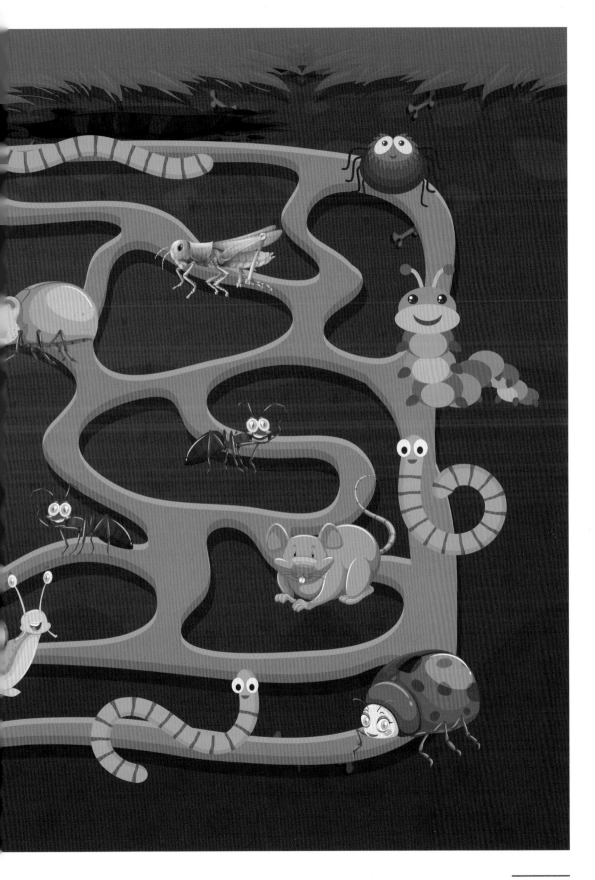

行动起来!

小朋友们要怎样做才能保护土壤中的小生命呢?
你可以尝试从以下几件小事着手:

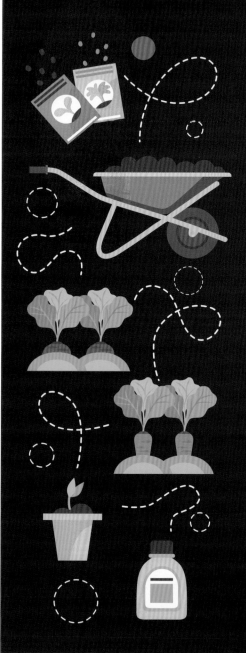

动动巧手, 养育绿植

　　课余时间, 你可以多在花园里帮帮忙, 和土壤中的小生命交交朋友! 留心观察肥料、堆肥和种子的种类, 劝说园丁们多使用有机肥料!

身体力行, 栽种树木

　　多参加社区或学校组织的植树活动, 如果没有这样的活动, 你也可以尝试自己组织一次!

点滴做起, 拯救地球

　　和家人、朋友一起学习更多回收利用的小窍门, 采用拼车或步行方式出门。从一点一滴小事做起, 努力让空气越来越清新, 土壤越来越健康!

发动亲友, 宣传知识

　　向你的老师、家长、朋友, 甚至是当地的农民宣传土壤生物多样性有多重要, 我们应该如何保护土壤。树立保护意识的人越多, 保护地球的力量就越强大!

以身作则, 绿色消费

　　选购带有"有机"标签的水果和蔬菜, 坚持一段时间以后, 那些靠使用农药、化肥和过度耕种来提高粮食产量的情况就会有所好转, 土壤生物多样性就会得到保护!

保护土壤，
刻不容缓！

作者简介

玛加莉斯·鲁伊斯本科毕业于委内瑞拉西蒙·玻利瓦尔大学化学专业，后获委内瑞拉中央大学土壤科学硕士和博士学位。她曾参与土壤有机物、微生物活性、酶活性和有机肥料评估等领域的多个科研项目，拥有25年的工程学和农学教学经验。目前，鲁伊斯仍奋战在科研和教学一线，为委内瑞拉中央大学和解放者实验师范大学的研究生们讲授土壤科学和教育、环境与发展知识。

亚力杭德拉·拉米雷斯拥有哥伦比亚哈维里亚那天主教大学战略传播和平面设计学位，致力于从食品行业生态角度研究食品创新，曾合作出版论著《食品服务的未来》。目前，她在全球食品研究和宣传培训机构"未来食品研究所"任教学设计师，并为该研究所在世界各地的分支机构开发了诸多教学项目。拉米雷斯现居西班牙巴塞罗那，从事科研和社区管理工作，同时攻读数字营销硕士学位。

保护土壤
刻不容缓

加入我们，
成为土壤联盟的一员！
保持土壤生命力，
保护土壤生物多样性！

作者：

玛加莉斯·鲁伊斯

亚力杭德拉·拉米雷斯

未来成员

土壤联盟的各位成员，我们召开这次紧急会议是为了改善土壤，我们要共同努力，让土壤恢复生机！

天呐！

坐在这里的是肉眼看不到的细菌们。

但……但是，光凭我们可做不到，我们得和"他们"合作才行！

你说人类吗？他们才不听我们的呢……

他们会的……人类也需要土壤！

我们打算邀请世界上所有的孩子加入我们，一同执行土壤保护任务。

我们的未来就在他们手中了！

你知道土壤中生活着细菌和真菌吗？

它们太小了，我们只能通过显微镜才能看到它们！

除此之外，土壤里还有螨虫、蠕虫、昆虫，甚至鼹鼠这样体型更大的动物。这些生物共同构成了土壤生物多样性。

看不见的英雄

细菌

真菌和藻类

螨虫

蚯蚓

昆虫

鼹鼠

土壤可不仅仅是我们微生物的栖息地。包括树木在内，所有美丽的植物都离不开土壤。农民也需要健康的土壤来种粮食，让每个人都有饭吃。如果没有土壤，人类和其他动物就再也享用不到最喜爱的食物啦！

要不要一起建造一个美丽的花园？

园艺活动健康、简单又有趣，不如叫上朋友和家人，一起料理花草、搭建"蚯蚓降解厂"，或者把自己种植的食材做成美味菜肴。在这个过程中，你一定会学有所获！

要想健康又强壮，秘诀就是把食物吃光光！

同时，避免食物浪费也很关键。你可以试着把零食分装成小份，吃多少取多少。如果不想再吃了，也方便留到以后。

在杯子里种下一颗种子，会长出什么呢？

这其实很容易！在透明的杯子里装上泥土，放入生的豆子或玉米粒，每天仔细浇水，几天后种子就会发芽。你会看到植物的根如何生长，这些根也是土壤生物多样性的一部分！

我们体型虽小，却能生产大量堆肥。我们需要生存在有土壤、果皮、菜叶和枯枝的环境中，也喜欢天然粪肥。把这些材料搅碎，剩下的就交给我们蠕虫吧！我们会把这些东西通通吃掉，在体内转化，最后排泄出植物喜欢的堆肥。

没错！

在学校搭建一个"蚯蚓降解厂"吧！

和老师商量一下，制作蚯蚓堆肥既有趣又实用。你可以在学校花园里使用，也可以带回家为家养植物补充营养。

你好，玛丽！我们需要你的帮助来拯救土壤！植物滋养着地球上的人类和其他动物，而植物所需的土壤养分却在不断流失，我们必须做点什么！

你知道吗？很多昆虫都是"粉碎机"。

一些昆虫会把植物的叶子、花朵和果实分割成小块碎片，再带回它们在地下的居所。然后，螨虫、跳虫等体型更小的生物会继续分解这些碎片，并从中获取营养。

你想知道昆虫在土壤中的更多秘密吗？

你可以在花园或公园里观察在地面活动的昆虫。如果可以的话，用铲子轻轻铲开表层的泥土，可不要太用力哦！幸运的话，你就会发现一些躲藏在里面的昆虫。给它们拍张照片，在书中或网上查查它们的名字，了解一下它们在土壤里都会做些什么吧！

跟自然课老师聊一聊，请昆虫来课堂做客！

可以让每位同学抓几只生活在土壤中的昆虫，放在透明容器里。记得在盖子上打一些小孔，便于这些六条腿的小家伙们呼吸。然后，大家可以在课堂上展示昆虫，并一起分享它们是如何改善土壤的。

由于乱砍滥伐，动物们没有了食物和家园，鼹鼠和其他动物不得不逃离他们曾经赖以栖息的森林。

树木被砍掉后用来生产办公用纸、厕纸、硬纸板和其他东西。

为何不通过节约用纸来减少森林砍伐呢？

在写作或绘画时节约用纸；双面用纸；尽量不要将纸张弄脏或随意丢弃，便于回收利用。如果还想贡献更多力量，不妨试着在你家或学校附近种一棵树吧！

小朋友，你也可以加入我们，为拯救土壤生物多样性出一份力！

你可以与朋友和家人分享学到的土壤知识，告诉他们土壤正处于危险之中。人类伐木毁林、滥用化肥和杀虫剂、用拖拉机犁地等都是对土壤的威胁。

只有齐心协力，才能拯救地球。

我们需要你！

你可以选择以下

任务

- ☐ 种一些植物
- ☐ 避免食物浪费
- ☐ 做一个堆肥箱
- ☐ 了解昆虫知识
- ☐ 选购有机商品
- ☐ 节约用纸
- ☐ 保护森林

小鼹鼠的 术语表

生物多样性：地球上各种植物、动物、昆虫和其他生物的总和。

营养物质：食物中有助于植物、动物和人类健康生长的物质。

细菌：由单个细胞构成的微生物，遍布世界各个角落。

肥料：帮助植物生长的天然或化学物质。

农药：可以杀死对植物有害的昆虫和真菌的天然或化学物质。

保护土壤
刻不容缓

作者：玛加莉斯·鲁伊斯、亚力杭德拉·拉米雷斯

我们正在物色勇敢的孩子加入
土壤联盟，和我们一起保护
土壤生物多样性！

欢迎加入！

让我们行动起来：

- 学习环境知识
- 节约自然资源
- 保护森林
- 促进良好农业操作
- 拯救土壤动物
- 创造更美好的未来

露比和库拉的
奇妙之旅

作者简介

　　佩德罗·蒙达卡来自智利，是一位年轻的土壤科学家，他的两个孩子，杰辛塔和萨尔瓦多，是这个故事的灵感来源。佩德罗学农出身，拥有农学和食品科学硕士学位，目前正在攻读智利瓦尔帕莱索天主教大学农业食品科学博士学位。他热衷于研究土壤生态学、土壤元基因组学和土壤微量元素污染修复。出于对自然和科学的热爱，佩德罗创立了科学组织Agro Conciencia，以促进自然和科学的融合。

　　Agro Conciencia是智利一个新兴的科学组织，名字中的"ciencia"和"conciencia"在西班牙语中分别是"科学"和"良知"的意思。顾名思义，该组织旨在依托科学和社会公众的良知，促进可持续发展。Agro Conciencia主要研究农业领域的生态巩固、城市农业、森林保护、生态恢复以及土壤污染修复。该组织认为，通过科学发展来保护自然生态系统并加强人工系统中的生态互动，有助于应对当今时代面临的主要挑战。该组织还呼吁加强环保教育，为人与自然之间的新型关系提供支撑。

土壤生物多样性

露比和库拉
的奇妙之旅

AGRO CONCIENCIA

你知道燕子吗？

燕子是一种喜欢温暖气候的鸟类，会跟随太阳的脚步周游世界。

这是露比，一只雌性燕子。

这是库拉。

一个梦想着世界更加美好的男孩。

他们互不相识，直到……

南美原住民马普切人使用的语言叫做"Mapudungun"，意为"大地的语言"。

在这种语言中，露比（Lupi）和库拉（Kura）分别是"羽毛"和"石头"的意思。

献给杰辛塔、萨尔瓦多和世界上所有的孩子。

作者：佩德罗·蒙达卡

插图：玛丽亚·费尔南达·席尔瓦、卡伦·卡雷拉

机构：智利科学组织Agro Conciencia （agroconciencia@outlook.com）

燕子露比落在了库拉家的窗户上。她看起来心事重重，忐忑不安。突然，意想不到的事情发生了——她开始说话了！

露比对库拉说，她来自远方，在漫长的旅途中，遇到了许多饥肠辘辘、无家可归的动物。

现在摆在动物面前的问题是，食物没有以前多了。尤其是昆虫，越来越少了。

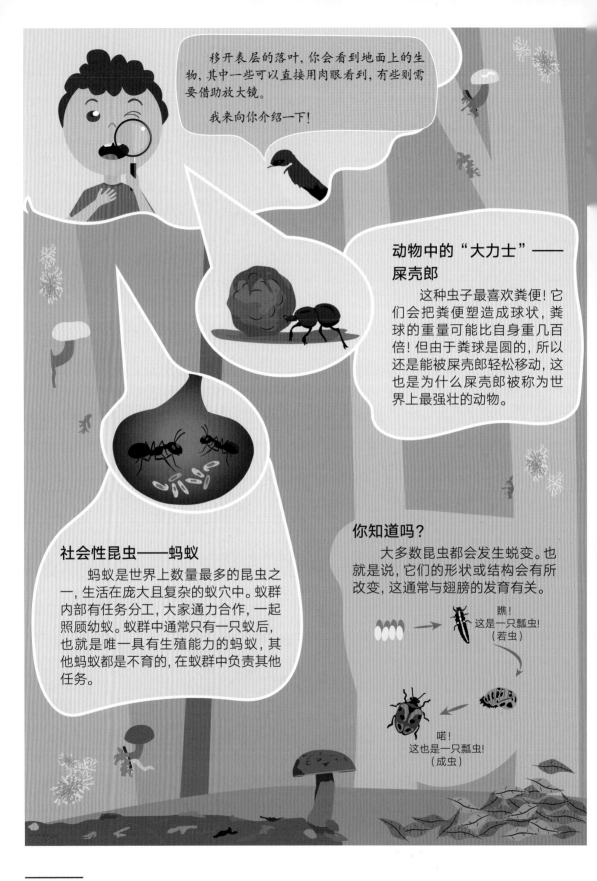

移开表层的落叶，你会看到地面上的生物，其中一些可以直接用肉眼看到，有些则需要借助放大镜。

我来向你介绍一下！

动物中的"大力士"——屎壳郎

这种虫子最喜欢粪便！它们会把粪便塑造成球状，粪球的重量可能比自身重几百倍！但由于粪球是圆的，所以还是能被屎壳郎轻松移动，这也是为什么屎壳郎被称为世界上最强壮的动物。

社会性昆虫——蚂蚁

蚂蚁是世界上数量最多的昆虫之一，生活在庞大且复杂的蚁穴中。蚁群内部有任务分工，大家通力合作，一起照顾幼蚁。蚁群中通常只有一只蚁后，也就是唯一具有生殖能力的蚂蚁，其他蚂蚁都是不育的，在蚁群中负责其他任务。

你知道吗？

大多数昆虫都会发生蜕变。也就是说，它们的形状或结构会有所改变，这通常与翅膀的发育有关。

瞧！
这是一只瓢虫！
（若虫）

喏！
这也是一只瓢虫！
（成虫）

伟大的猎手——蜘蛛和蝎子

它们常常将土壤作为狩猎场，用不同的方式捕获猎物。

潜伏的"活盖蜘蛛"是善用战术的高手。它们通常在地面挖洞，用陷阱封住洞口后，再围上蜘蛛网，猎物被抓住时，蛛网就会发出"警报"。

蝎子是昼伏夜出的猎人，白天时藏匿在岩石底部或地下。蝎子在没有食物的情况下生存时间可长达12个月。

昆虫和蛛形纲动物，可别傻傻分不清楚！

昆虫有6条腿，蛛形纲动物则有8条腿。此外，如果仔细观察，不难发现昆虫分为3个部分：头部、胸部和腹部。蛛形纲动物也有腹部，但它们的头部和胸部连成了一个整体，称为头胸部。

请大人帮个忙，给你一个放大镜好好观察，相信你可以轻易分辨出来！

土壤中的隐士——蜈蚣和千足虫

不用通过数腿也能轻易区分二者！虽然两个物种都有体节，但蜈蚣每个体节只有一对腿，而千足虫每个体节有两对腿。

更多关于千足虫的小知识：
·有些千足虫会蜷缩成一团，这是它们的防御机制。
·有些千足虫是生物发光体，能在黑暗中发出微光。

土壤工程师——蚯蚓

蚯蚓的长度大多从几厘米到两米多不等。它们在土壤中移动时形成的孔道可以增加土壤含氧量，有助于土壤中其他生物的呼吸。

不同蚯蚓居住在土壤的不同位置，作用也不尽相同。

五颜六色的小型蚯蚓以土壤表面的落叶为食。

颜色较深的蚯蚓身强体健，可以在土壤里垂直移动，形成孔道。

你注意到了吗？与我们之前看到的生物不同，蚯蚓没有脚，这是识别蚯蚓的小窍门。

白色的蚯蚓则完全生活在土壤中。

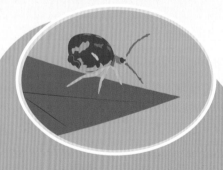

不易察觉但相当特别——跳虫

跳虫个子很小，通常只有0.12～17毫米长。有树叶的地方，往往跳虫很多。它们跳跃时会旋转，转速高达每秒374圈，被视为地球上转速最快的动物。

是不是很有趣？这些生物和其他土壤生物之所以能生存，是因为有一些更小的生物发挥着作用。这些小生物用肉眼看不见，但可以用显微镜观察到。

咱们去找个显微镜吧！

数不胜数的小伙伴——线虫

据估计，地球上每五个动物中就有四个是线虫。

线虫种类庞杂且数量巨大，对土壤生态系统的健康至关重要。尽管如此，大多数人对线虫知之甚少。

线虫可酷了，甚至能在太空中生存，但这并不是线虫的独门绝活儿。还有一种有趣的、叫做"水熊虫"的土壤生物也能做到这一点。

水熊虫是地球上最顽强的动物，不仅能在太空中生存，还能承受强烈的伽马射线和极端温度，并且能活200年之久。

你瞧！线虫个头微小，是昆虫和蜘蛛的食物，线虫则以植物根部和其他线虫为食，另外……

让我猜猜，另外它们还以其他更小的生物为食，对吗？

没错，就是这样！

细菌和真菌

　　细菌和真菌可以成为线虫的食物，还能帮助植物获得水和营养。所以说，细菌和真菌对维持土壤健康有益。

菌根

根瘤菌

　　健康土壤有助于维持生物多样性，人类也能从中获益。

这些是最小的生物……

芊芊！如果细菌和真菌是最小的生物，那它们以什么为食呢？

例如：

·健康的土壤是生产健康食品的基础。

·在健康的土壤上玩耍可以提高儿童免疫力，增强对疾病的抵抗力。

还记得天气"变脸"这回事吗？空气中的二氧化碳过量便是原因之一。

在制造食物（光合作用）的过程中，植物能够消耗空气中多余的二氧化碳，换句话说，植物拯救了地球。

哇！大自然太神奇了！

确实如此！事实上，各种自然奇迹都让科学家们兴奋不已，还有很多奥秘有待未来的科学家探索。

我明白了，你告诉我这些，是希望我长大后成为一名科学家吗？

你可以成为任何你想成为的人。不过，我确实想鼓励你以多种方式来保护土壤生物。

例如：
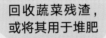

种植、照料和养护树木

回收蔬菜残渣，或将其用于堆肥

呵护动物，无论其体型大小

你知道吗？可供植物和土壤生物生存的土壤越来越少了，但你可以从现在开始伸出援手。

我可以做到！

为什么大多人对此无动于衷呢？

并非所有人都知道发生了些什么，也并非所有人都意识到了土壤的重要性，但改变可以从你开始，从你身边的人开始。

快醒醒！我们将会改变世界！

醒醒？

保持土壤生命力，保护土壤生物多样性！

菌类

你找到这些生物了吗?
在书上找找看吧!

西瓜虫

双尾虫

推荐活动

写一写自然日记!你可以记录任何事物:动物、植物、昆虫、真菌等,还可以辅以图画或照片。许多杰出的科学家像你这么大的时候就是这样做的!

试着观察不同地点的土壤,你看到了什么?当你用手指摩擦土壤时,不妨特别留意一下土壤的颜色和质地哦。

分享你对土壤生物多样性和环境的热爱!建立一支青年环境保卫队,好好关爱土壤和环境。

没有显微镜?
没关系。

给微生物设下"陷阱",这样你就能在没有显微镜的情况下看到细菌和真菌啦!

大米

糖

水

1.试着请大人帮忙,用一杯水和两汤匙糖(不加糖也可以)煮一杯大米,米粒要保持坚硬。
2.把米放入容器,用网状布或多孔布盖住。
3.把容器埋入土中,容器顶部位于土壤表面以下5厘米处,放置3到7天。
4.取出容器,观察米上附着物质的形状和颜色。在不同的地方重复上述步骤,写下你的观察结果。

想了解更多信息?

你喜欢哪种类型的生物?本手册中的大部分信息来自《全球土壤生物多样性地图集》。在那里,你和家人可以找到关于不同生物的详细信息,还能看到它们的照片!

小蚂蚁妮妮

作者简介

　　卢西亚娜·桑托斯拥有法国克莱蒙奥弗涅大学质量、安全和环境专业硕士学位和巴西乌贝兰迪亚联邦大学生产工程硕士学位。以前她只把插画当成一项爱好，为这则故事绘制插画后，这一想法有所转变。

　　玛塞拉·拉萨罗是巴西弗鲁米嫩塞联邦大学环境地球化学专业的在读博士，目前正致力于一项关于修复红树林的土壤学和地球化学研究。她拥有里约热内卢农村联邦大学土壤学硕士学位。

　　加夫列尔·诺夫雷加曾先后获得巴西塞阿拉联邦大学和圣保罗大学土壤与植物营养学硕士和博士学位。他目前在巴西弗鲁米嫩塞联邦大学地球化学系担任教授，主要研究土壤发生学、碳动态和土壤污染问题。

　　格劳西奥·吉马良斯毕业于巴西里约热内卢州立大学教学法专业，拥有教育博士学位，目前在该校任副教授。

　　鲁道夫·费雷拉拥有巴西圣保罗大学教育博士学位和里约热内卢联邦大学教育硕士学位，目前任里约热内卢州立大学教学法专业副教授。

小蚂蚁妮妮

保持土壤生命力
保护土壤生物多样性

作者：玛塞拉·拉萨罗、卢西亚娜·桑托斯、加夫列尔·诺夫雷加、
格劳西奥·吉马良斯、鲁道夫·费雷拉

你好！我是小蚂蚁妮妮。

我热爱大自然、天空、大海，尤其喜欢土壤！

土壤对环境、农业、气候、蚂蚁、人类和其他所有生物都无比重要。

但你知道吗？我们对土壤来说也很重要！

为了弄懂这背后的原因，先来一起学习一些土壤知识吧！

✓ 土壤就像一个外壳，包裹在我们星球地壳的最外层。

✓ 土壤遍布地球上所有大陆。

✓ 土壤的形成需要岩石、动植物废料、空气、水和有机物的共同参与。

土壤为我们做了很多"好事"：

- 提供植物源食物
- 净化水源
- 调节气候......

不过，只有健康的土壤，才能做到这些。

　　要检查土壤是否健康，可以先看看其中是否生活着大量生物体，除了我们小蚂蚁之外，可能还有蚯蚓、犰（qiú）狳（yú）、微生物和植物等。

　　这些小生灵都是我的伙伴，我们共同构成了土壤生物多样性。

　　你愿意认识一下它们吗？

　　土壤中的生物非常多，我先向你介绍其中几种。

植物对土壤生物多样性来说非常重要。

它们能保护土壤免受雨水和强风侵袭，

能为所有生物提供食物。

植物的根还能使土壤更加稳固。

首先登台的是由"微生物"组成的土壤摇滚乐团，它们的主要成员是真菌和细菌。

它们能将动植物产生的废物转化为植物的营养物质。

在这个过程中，它们还会与大气进行气体交换，让气体在地球上循环起来。

我们小蚂蚁则不停地挖呀挖，在土壤中建造我们的家园——蚁穴。

在这个过程中，大气中的空气和水可以到达土壤最深层，为其他生物和植物的根所利用。

说到植物，我们会在四处溜达时顺便传播植物种子和花粉，这样植物就能在更多地方生根发芽了。

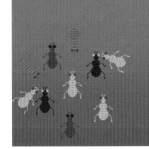

这是小犰狳，它的名字叫图图。

犰狳洞穴可以改变整个土壤空间，因此也被称为土壤"大工程师"。它挖的洞穴又大又深。

经犰狳改造后的土壤环境可以容纳更多生物，也能让水流顺利通过。

这是尼诺卡，一条小蠕虫。

它以土壤和动植物产生的废料为食，还能为植物提供优质肥料。

此外，蠕虫还能使土壤形成多孔结构，为蔬菜和花卉的生长创造适宜的环境。

土壤生物多样性越丰富，土壤越健康！

　　如果生物多样性降低或彻底丧失，土壤的状况便令人堪忧了——无法再净化水源，无法提供足够的食物，无法好好调节气候，也无法再调节大气中不同气体的含量。

　　这种现象称为"土壤退化"。

　　一旦发生，整个自然界都会陷入混乱。

土壤退化的原因主要是人类活动引发的火灾，以及伐木毁林和不科学的种植活动等。

　　这些都会使土壤生物多样性降低。

　　从而导致水土流失、荒漠化、气候变暖和食物匮乏等一系列连锁反应。

为了保护和恢复土壤生物多样性，有必要让更多人了解其重要性。
我们需要采取以下行动：

- 保护自然环境
- 停止砍伐森林
- 避免占用自然保护区
- 推行可持续农业
- 修复退化土壤

爱护土壤你我他，

美丽地球靠大家！

听了小蚂蚁妮妮的介绍，相信你已经初步了解了土壤生物多样性对小蚂蚁和地球上其他生物的重要性。

脚下的生命

作者简介

斯蒂芬妮·尼尔堡是德国综合生物多样性研究中心（iDiv）的研究员，该中心在哈尔、耶拿和莱比锡三座城市拥有研究院。尼尔堡专攻细菌学，研究方向为土壤细菌。在她看来，细菌扮演了至关重要的角色，是细菌让所有死去的生命以另一种形式再焕生机。

罗埃尔·范·克林克同为德国综合生物多样性研究中心的研究员。他致力于研究世界各地的昆虫，以了解人类活动和气候变化对昆虫生物多样性的影响。

脚下的生命

作者：斯蒂芬妮·尼尔森、罗埃尔·范·克林克同

你曾低头看过脚下吗？

土壤中住满了大小不一、形状各异的生物。

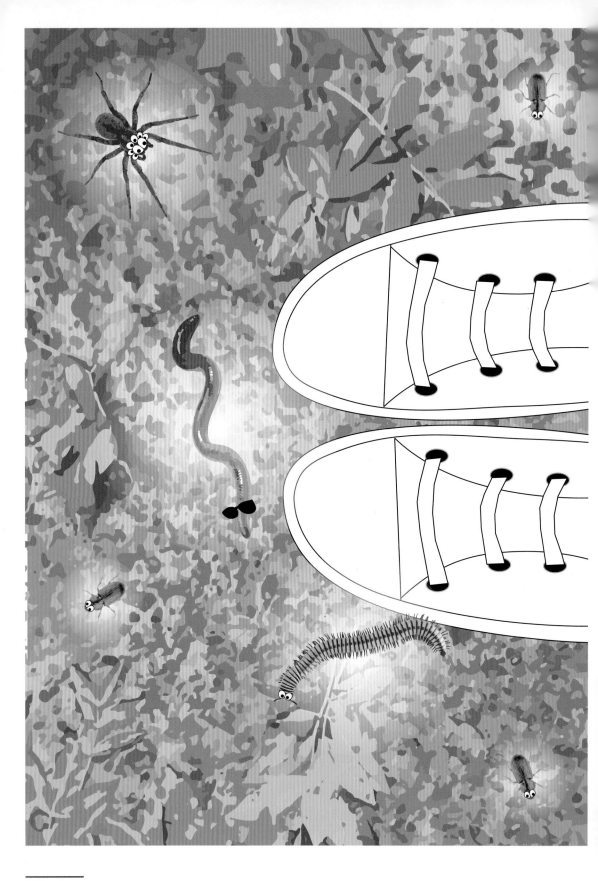

保持站立高度，你能看到和曲别针差不多大小的生物体。

我是 **步甲**

□ 全球有超过4万种步甲。

□ 大多数步甲都拥有带光泽的外壳。

我是 **蚯蚓**

□ 蚯蚓没有眼睛。

□ 世界上最长的蚯蚓体长超过两米！

我是 **马陆**

□ 世界上有超过1.2万种马陆。

□ 马陆也叫"千足虫"，最长的马陆有750条腿。

我是 **狼蛛**

□ 狼蛛不织网，生活在地面上。

□ 狼蛛宝宝出生后，会趴在狼蛛妈妈的背上。

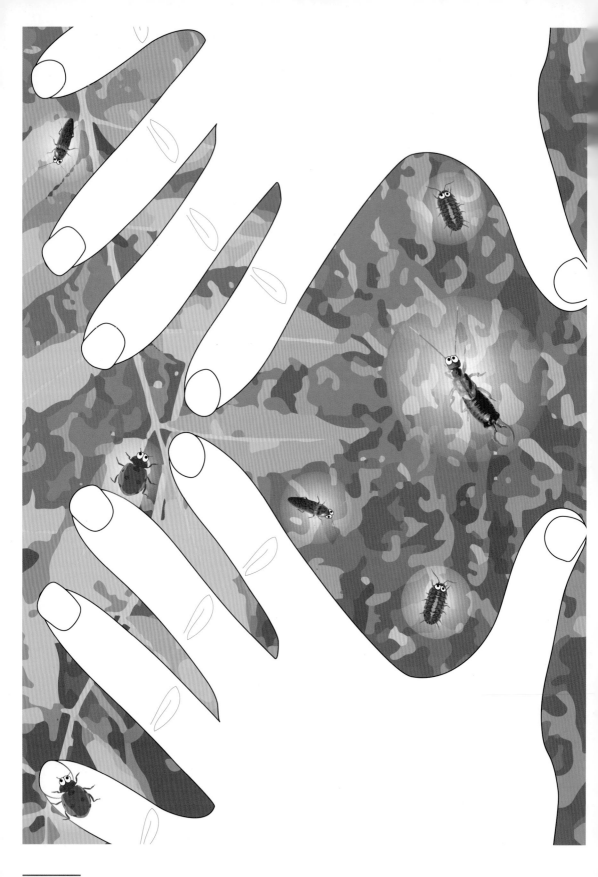

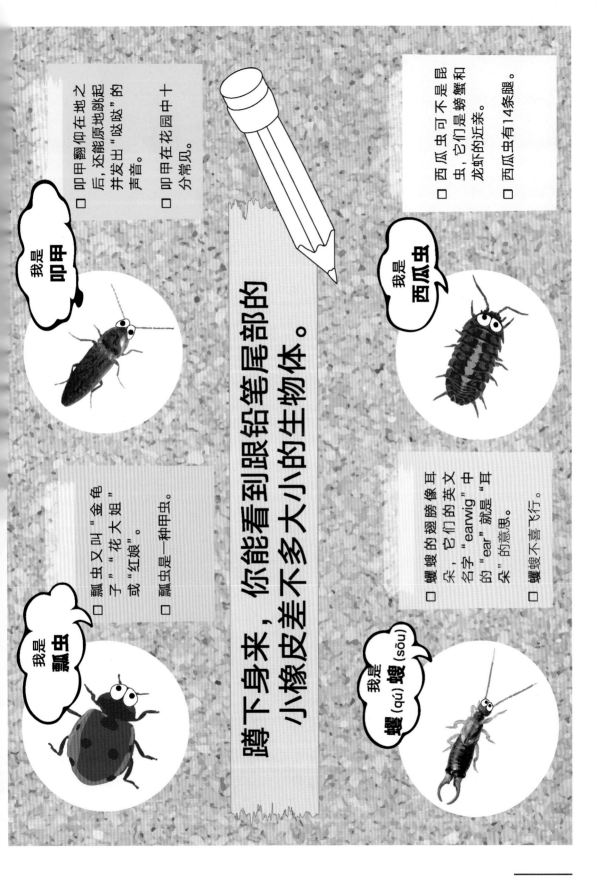

我是 **叩甲**

□ 叩甲翻仰在地之后，还能原地跳起并发出"哒哒"的声音。
□ 叩甲在花园中十分常见。

我是 **西瓜虫**

□ 西瓜虫可不是昆虫，它们是螃蟹和龙虾的近亲。
□ 西瓜虫有14条腿。

蹲下身来，你能看到跟铅笔尾部的小橡皮差不多大小的生物体。

我是 **瓢虫**

□ 瓢虫又叫"金龟子"、"花大姐"或"红娘"。
□ 瓢虫是一种甲虫。

我是 **蠼(qú)螋(sōu)**

□ 蠼螋的翅膀像耳朵，它们的英文名字"earwig"中的"ear"就是"耳朵"的意思。
□ 蠼螋不善飞行。

透过放大镜，你能看见和你的牙齿差不多大小的生物体。

我是
蚂蚁

□ 蚂蚁是群居动物，一个蚁群可以有数百万名成员。

□ 每个蚁群有一个蚁后，还有许多工蚁和兵蚁。

我是
隐翅虫

□ 隐翅虫不飞行时，会将翅膀折叠收起，它们小小的翅膀可以折叠7次呢！

□ 世界上有超过6.3万种隐翅虫。

我是
蝽（chūn）象

□ 蝽象没有幼虫期，孵化后可直接成为微型成虫。

□ 蝽象长有特殊的口器，可以从树叶中吸取汁液或进行捕食。

153

显微镜下，你能看到比针尖还小的生物体。

我是 捕食螨

- 捕食螨会吃掉花园里的害虫，是农民最好的朋友！
- 捕食螨是蜘蛛和螨子的"表亲"，它们都有8条腿。

我是 羽翼甲虫

- 这类甲虫之所以叫"羽翼甲虫"，是因为它们的小翅上长有细细的绒毛。
- 许多羽翼甲虫由于个头太小，甚至没有心脏。

我是 跳虫

- 跳虫也被称为弹尾虫。
- 跳虫腹部末端有一个叉状的弹跳器，能让它们将自己弹飞，躲避捕食者。

我是 甲螨

- 甲螨以植物枯叶为食，能帮助土壤恢复营养。
- 每一处土壤中都能发现甲螨的身影。

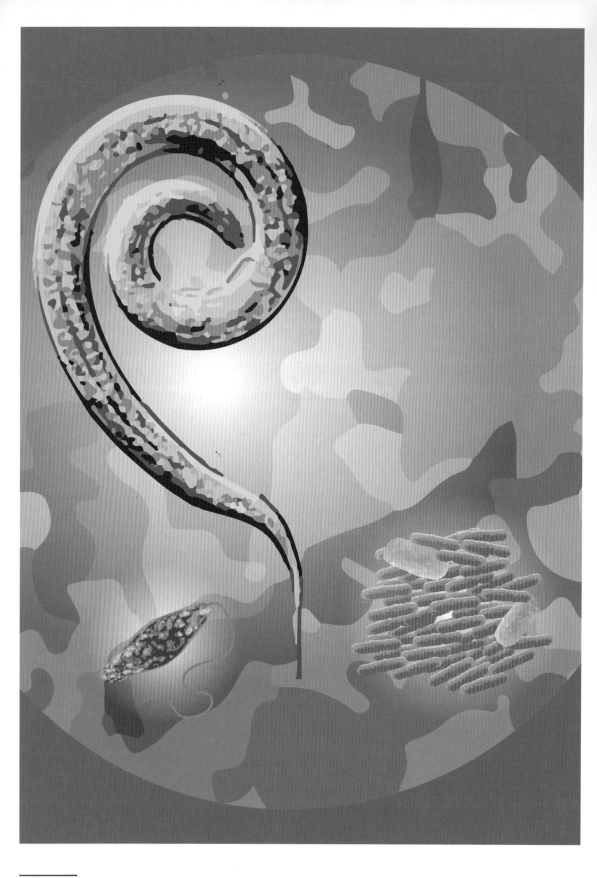

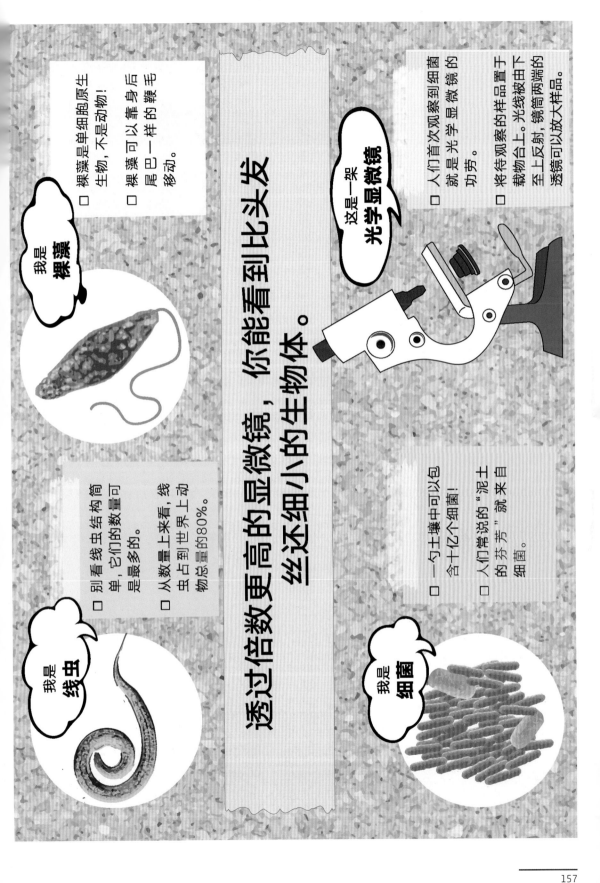

透过倍数更高的显微镜，你能看到比头发丝还细小的生物体。

我是
裸藻
- 裸藻是单细胞原生生物，不是动物！
- 裸藻可以靠身后尾巴一样的鞭毛移动。

这是一架
光学显微镜
- 人们首次观察到细菌就是光学显微镜的功劳。
- 将待观察的样品置于载物台上。光线被由下至上反射，镜筒两端的透镜可以放大样品。

我是
线虫
- 别看线虫结构简单，它们的数量可是最多的。
- 从数量上来看，线虫占到世界上动物总量的80%。

我是
细菌
- 一勺土壤中可以包含十亿个细菌！
- 人们常说的"泥土的芬芳"就来自细菌。

多亏了这些生物，
土壤才能保持健康。

我们能保护植物免受害虫侵害。

我们能分解死去的动植物和粪便，将其转化为能被植物吸收的营养物质，帮助植物茁壮成长。

所以，让我们一起保持
土壤生命力、保护土壤
生物多样性！

小猪可可识土记

作者简介

弗雷德里克·达齐是澳大利亚新南威尔士大学在读博士，专业为退化旱地修复研究。他致力于综合利用土壤生物地球化学和土壤微生物学知识来改善土壤健康、支持植被重建。

詹卡洛·基亚伦扎是澳大利亚新南威尔士大学在读博士，主修环境植物学，拥有意大利热那亚大学自然科学学士学位和博洛尼亚大学环境科学硕士学位。他的研究方向为植物土壤关系及土壤对生态系统的塑造。在攻读硕士学位期间，他深入研究了土壤对自然生态系统的影响，对土壤的热爱也自此萌发。

韩晨（音译）来自中国，在澳大利亚新南威尔士大学攻读化学工程博士学位。她的研究主要聚焦如何减少温室效应和应对能源危机。她的艺术创作源于自然，充满了融融暖意和对生活的热爱。

2020年12月5日
世界土壤日
保持土壤生命力
保护土壤生物多样性

小猪可可识土记

跟随可可一起了解土壤生物多样性有多重要吧！

文：弗雷德里克·达齐、詹卡洛·基亚伦扎、韩晨（音译）
插画：韩晨（音译）

可可是一只小猪，他可想玩泥巴了！但他又有点儿害怕泥土，在泥地里玩的时候，他总要戴上手套、穿上靴子。

猪爸爸和猪妈妈带着可可一同探索土壤的奥秘，希望可可能克服对泥土的恐惧。

哇！可可，这是个好问题！我带你看看土壤究竟有多重要，土壤可是很多小生命的家园。

爸爸，土壤有什么厉害的呀？

猪爸爸向可可讲起了土壤的故事。

爸爸：瞧！多美的池塘呀！

土壤为鱼儿净化水质，为植物提供营养，让植物茁壮成长，还能为人类提供赖以栖息的家园。

真的吗? 妈妈, 土壤怎么那么厉害啊?

猪妈妈向可可介绍起了住在土壤里的小伙伴。

妈妈：还记得吗？爸爸说过，土壤里住着很多小生命。

可可：记得！

妈妈：多亏它们各司其职，土壤才能完成那么多了不起的事！

猪爸爸走了过来，继续向可可介绍住在土壤里的小动物们。

爸爸：体型大一些的动物，像鼹鼠、兔子等，会在土壤里挖地道，把藏在深处的营养物质翻到表层上来[1]。这对于植物来说可是至关重要，因为这样植物才能获得茁壮成长所需的营养[2]。

可可：哇，我真想抱一抱它们！

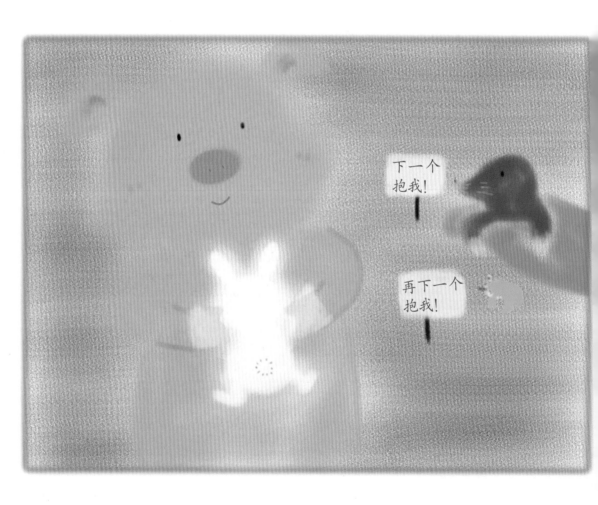

爸爸： 蚯蚓也会钻洞，这些孔洞能把水和空气引入土壤[3, 4]。这样一来，土壤里的其他生物也有水喝啦。

可可： 它们真了不起！我要摘掉手套，跟它们握握手！

妈妈：瞧，可可！还有一些小生物，比如跳蚤和螨虫，它们能分解土壤中大块的有机质[5]，帮助植物利用其中的营养成分。

猪妈妈是一位科学家，专门研究土壤生物多样性。她兴致勃勃地向可可介绍起了细菌。

妈妈：土壤中的小生物们还有另一件"英勇事迹"，你想听吗？

可可：想！

妈妈：如果土壤中投入了垃圾、汽油和过多盐分，土壤就会生病，植物就无法健康生长，甚至会死亡。治愈土壤需要细菌等一些肉眼看不见的小生物来帮忙，这类细菌统称为"微生物"，它们能够吃掉，也就是"降解"土壤中的有害物质，让土壤恢复清洁和健康[6, 7]。我们可以用显微镜观察到这些小生物。所以你看，土壤中的每一个小生命都很重要。

显微镜

可可高兴极了。他脱掉靴子，走进了土壤中的小伙伴。

可可： 爸爸妈妈，我喜欢泥土，我想和土壤中所有的小生命交朋友！

妈妈： 为什么呢？

可可： 因为我想帮助土壤，让土壤发挥更大的作用。我还想和朋友们一起玩泥巴！

妈妈： 那你可要好好保护你的朋友们！只有保护好土壤中的每一个小生命，土壤才能真正发挥作用！

**2020年世界土壤日，和小猪可可一家一起
保护土壤生物多样性吧！**

防止土壤生物多样性丧失，
你可以做些什么？

世界土壤日

建设绿色城市，
打造可持续的
生活方式

投资土壤生物多
样性科研和创新

提高人们对活土
的认识，倡导活
土保护

减少污染
循环利用

以可持续方式
管理土壤资源

参考文献

[1] Bailey,D. L., Held, D. W., Kalra,A., Twarakavi,N., & Arriaga,F. (2015). Biopores from mole crickets (Scapteriscus spp.) increase soil hydraulic conductivity and infiltration rates. *Applied Soil Ecology,* 94, 7-14.

[2] Canals,R. M., & Sebastià, M. T. (2000). Soil nutrient fluxes and vegetation changes on molehills. *Journal of Vegetation Science*, 11(1), 23-30.

[3] Fischer, C., Roscher, C., Jensen, B., Eisenhauer, N., Baade, J., Attinger, S., ... & Hildebrandt,A. (2014). How do earthworms, soil texture and plant composition afect infiltration along an experimental plant diversit gradient in grassland?. *PLoS One*, 9(6), e98987.

[4] van Schaik, L., Palm, J., Klaus, J., Zehe, E., & Schröder, B. (2014). Linking spatial earthworm distribution to macropore numbers and hydrological efectiveness, Ecohydrology, 7, 401–408

[5] Lawrence,K. L., & Wise, D. H. (2000). Spider predation on forest-floor Collembola and evidence for indirect effects on decomposition. *Pedobiologia* , 44(1), 33-39.

[6] Janczak,K., Dąbrowska,G. B., RaszkowskKaczor,A., Kaczor, D., Hrynkiewicz,K., & Richert,A. (2020). Biodegradation of the plastics PLA and PET in cultivated soil with the participation of microorganisms and plants. *International Biodeterioration & Biodegradation*, 155, 105087.

[7] Wubs,E. J., Van derPutten,W. H., Bosch,M., & Bezemer,T. M. (2016). Soil inoculation steers restoration of terrestrial ecosystems. *Nature plants*, 2(8), 1-5.

2020年12月5日

世界土壤日

保持土壤生命力
保护土壤生物多样性

小猪可可识土记!

图书在版编目（CIP）数据

奇妙的世界：土壤生物多样性：全球十部儿童科普故事汇编 / 联合国粮食及农业组织，国际土壤科学联合会编著；徐璐铭，张冕筠，马赛译. -- 北京：中国农业出版社，2023.12
（FAO中文出版计划项目丛书）
ISBN 978-7-109-31362-0

Ⅰ．①奇… Ⅱ.①联… ②国… ③徐… ④张… ⑤马… Ⅲ.①土壤生物学－儿童读物 Ⅳ.①S154-49

中国国家版本馆CIP数据核字（2023）第212180号

著作权合同登记号：图字01-2023-3970号

奇妙的世界：土壤生物多样性
QIMIAO DE SHIJIE: TURANG SHENGWU DUOYANGXING

中国农业出版社出版
地址：北京市朝阳区麦子店街 18 号楼
邮编：100125
责任编辑：郑　君
版式设计：王　晨　责任校对：张雯婷
印刷：北京通州皇家印刷厂
版次：2023 年 12 月第 1 版
印次：2023 年 12 月北京第 1 次印刷
发行：新华书店北京发行所
开本：700mm×1000mm　1/16
印张：11.5
字数：150 千字
定价：69.00元

版权所有·侵权必究
凡购买本社图书，如有印装质量问题，我社负责调换。
服务电话：010-59195115　010-59194918